Shahide Dehghan
Maryam Marani-Barzani
Hossein Gholami

Ciência e tecnologia da água: Gestão de Recursos Hídricos

Shahide Dehghan
Maryam Marani-Barzani
Hossein Gholami

Ciência e tecnologia da água: Gestão de Recursos Hídricos

ScienciaScripts

This book is a translation from the original published under ISBN 978-620-7-46796-9.

Publisher:
Sciencia Scripts
is a trademark of
Dodo Books Indian Ocean Ltd. and OmniScriptum S.R.L publishing group

120 High Road, East Finchley, London, N2 9ED, United Kingdom
Str. Armeneasca 28/1, office 1, Chisinau MD-2012, Republic of Moldova, Europe
Printed at: see last page
ISBN: 978-620-7-30373-1

Ciência e tecnologia da água

Shahide Dehghan[1] , Maryam Marani-Barzani[2], Hossein Gholami[3]

[1]Departamento de Geografia, Secção de Najafabad, Universidade Islâmica Azad, Najafabad, Irão

[2]Departamento de Geografia, Universidade da Malásia (UM), Kuala Lumpur, Malásia

[3]Departamento de Engenharia Civil, Isfahan (Khorasgan) Branch, Islamic Azad University, Isfahan, Irão

2024

Índice

Prefácio

A ciência da hidrologia é a base da tomada de decisões no domínio dos recursos hídricos e da avaliação dos riscos conexos, como as inundações, as secas e a poluição. Apesar da importância vital desta ciência para a sociedade, este domínio científico está a enfrentar uma grave falta de dados nos domínios espacial e temporal. Nos países do terceiro mundo e nos países com baixos rendimentos, devido à limitação dos dados e da informação estatística e ao elevado custo do processo de monitorização, estes enfrentam uma falta de dados. Assim, a recolha de dados pelas comunidades locais e por voluntários e a monitorização através das pessoas é um método eficaz neste domínio. As reservas subterrâneas de água, apesar de estarem escondidas da vista do homem, são consideradas, desde há muitos anos, como as mais importantes fontes de abastecimento de água na maior parte do mundo. Estes recursos valiosos, que não podem ser imaginados na natureza, sofreram atualmente muitas alterações quantitativas e qualitativas. Um exemplo destas alterações pode ser a retirada ilegal de lençóis freáticos subterrâneos, que provocou uma descida exponencial do nível das águas subterrâneas e a destruição da qualidade destas águas ocultas. Por outro lado, a injeção de todo o tipo de poluentes urbanos, venenos agrícolas e efluentes industriais veio agravar os problemas e desafios dos aquíferos e trouxe efeitos ambientais irreparáveis em muitas regiões do mundo. A análise das imagens dos quatro elementos - água, vento, solo e fogo - é sempre considerada como um dos principais tópicos da crítica temática. Os recursos hídricos e os solos são considerados os bens essenciais mais importantes em qualquer cidade ou país, com diversas utilizações. Uma das utilizações mais importantes destes recursos é a utilização de água potável, o uso doméstico, a utilização na agricultura e pecuária, as actividades industriais e mineiras.

Introdução

A hidrologia é uma ciência que estuda a origem das características e a distribuição da água na natureza, mas, na prática, a palavra hidrologia refere-se a um ramo da geografia física que estuda a circulação da água na natureza. A Associação de Ciência e Tecnologia dos Estados Unidos escolheu a seguinte definição para a hidrologia: A hidrologia é a ciência que estuda a água da Terra e a origem, circulação e distribuição da água na natureza, as propriedades físicas e químicas da água, as reacções da água no ambiente e as relações. As duas palavras Hydro significa água e Logos significa identificação. A hidrologia é uma ciência que discute a origem das propriedades e a distribuição da água na natureza, mas na verdade a palavra hidrologia refere-se a um ramo da geografia física que examina a circulação da água na natureza. A Associação de Ciência e Tecnologia dos Estados Unidos escolheu a seguinte definição para a hidrologia: A hidrologia é o estudo da água na Terra e discute a origem, a circulação e a distribuição da água na natureza, as propriedades físicas e químicas da água, as reacções da água no ambiente e a sua relação com os organismos vivos. Por conseguinte, pode ver-se que a hidrologia inclui toda a história da água. De acordo com a história, as primeiras experiências hidrológicas estão relacionadas com os sumérios e os egípcios na região do Médio Oriente, pelo que a construção de barragens no rio Nilo remonta a 4000 a.C., na mesma altura. Houve actividades semelhantes na China. Desde o início da história até cerca de 1400 anos depois de Cristo, vários filósofos e cientistas, incluindo Homero, Tales, Platão, Aristóteles e Plínio, apresentaram várias ideias sobre o ciclo hidrológico e, pouco a pouco, os conceitos filosóficos da hidrologia deram lugar a observações científicas. Talvez se possa dizer que a hidrologia A nova começou a partir do século XVII com diferentes medições. Neste período, o Prelado Transest mediu a quantidade de precipitação, a evaporação e a ascensão capilar na bacia hidrográfica do rio Sena. Marriott mediu a velocidade e a secção transversal do caudal do rio Sena em Paris. O século XVIII assistiu a um florescimento especial dos estudos experimentais nos domínios da hidrologia. Foi com base nestes estudos que muitos princípios hidráulicos foram estabelecidos. Entre eles, podemos citar dispositivos como o Piezo-Sterubernoulli, o tubo de Peter, o medidor de caudal Volt-Man, o tubo de Borda, e teorias como a teoria de Bernoulli, (fórmula de Chazy e leis de D'Alembert). Desde então, a hidrologia passou de um aspeto qualitativo para um aspeto quantitativo. E a medição de muitos fenómenos hidrológicos tornou-se possível.

Corpo do texto

O século XIX pode ser considerado o período áureo da hidrologia, nesta altura a geologia foi introduzida como ciência complementar nas águas subterrâneas. A lei de Darcy e as fórmulas de Du Poiti-Thiem. Um exemplo do progresso da água subterrânea é a hidrologia. No domínio da hidrologia das águas superficiais, foi dada muita atenção à hidrometria. As fórmulas de Francis sobre os transbordamentos, de Gangmillet, Kmtter e Manning sobre o escoamento da água em canais abertos de Estes são alguns dos casos. As actividades de Dalton no domínio da evaporação foram também muito importantes. Embora a maior parte da nova hidrologia tenha sido fundada no século XIX. Mas até hoje, a hidrologia científica ainda não gozou de grande desenvolvimento. No final do século XIX e, especialmente, nos primeiros 30 anos do século XX, foram propostas centenas de fórmulas experimentais, cujos coeficientes e parâmetros deveriam ser obtidos com base no julgamento e na experiência, e para resolver este problema em muitos países foram criados institutos de investigação no domínio da hidrologia. Neste período, surgiram muitos cientistas, entre os quais Sherman, que propôs a teoria do método do hidrograma único para estimar o escoamento em 1932, a teoria de Thies para resolver problemas relacionados com a hidrologia dos poços e o método proposto por Gamble em 1941 para a análise estatística dos dados e os métodos de Einstein para o estudo dos sedimentos fluviais. E a partir de 1650, os métodos teóricos em hidrologia tornaram-se muito comuns, de modo que a maioria das fórmulas e métodos experimentais em forma matemática foram rejeitados na análise. Por outras palavras, a hidrometeorologia pode ser considerada uma ciência que discute questões comuns entre a meteorologia e a hidrologia. A ciência que estuda as águas interiores (lagos e lagoas, etc.) é designada por limnologia. Neste âmbito, são estudadas as propriedades físicas, químicas e biológicas da água nas massas de água no interior da terra. A criologia é uma ciência em que se estudam as diferentes propriedades da água no estado sólido (neve ou gelo). Por outras palavras, a criologia é a ciência da glaciologia e o estudo dos glaciares, embora atualmente a glaciologia seja uma ciência distinta. Significa a hidrologia das águas subterrâneas ou a ciência do estudo da água no subsolo, que é a ciência do estudo da água à superfície da terra, a que se chama hidrologia das águas superficiais. Pode ser localizada. As duas palavras geohidrologia e hidrogeologia são frequentemente confundidas. Mas, na primeira, baseia-se na hidrologia e, na segunda, na geologia. Em farsi, o termo hidrogeologia é utilizado para estudar as águas subterrâneas. A riverologia ou potamologia examina as questões relacionadas com o fluxo de água no rio. A este respeito, a ênfase é colocada nos aspectos físicos da questão e não nos biológicos. A ciência que estuda o estado e as propriedades físicas da água, especialmente em relação a questões de navegação, é designada por hidrografia. Hidrometria, também designada por hidrometria. A ciência da medição da água e das questões com ela relacionadas. De facto, esta ciência inclui diferentes medições do centro da água, dos caudais e de outras coisas semelhantes. Na ciência da oceanografia (Oceanolografia), estudam-se as características físicas, químicas, biológicas e outras do oceano e dos mares. Esta ciência é uma parte do vasto conhecimento da Oceanologia. Atualmente, esta ciência é utilizada na conceção e operação de estruturas hidráulicas, tais como barragens de armazenamento e de desvio, canais e pontes de irrigação e drenagem, engenharia fluvial e controlo de cheias, gestão de bacias hidrográficas, construção de estradas, A conceção do resort é amplamente utilizada em questões de saúde, esgotos urbanos e industriais e questões ambientais. Todos os anos, cerca de 110.000 quilómetros cúbicos de água caem na superfície da terra como precipitação, em vez disso, 70.000 quilómetros cúbicos evaporam. A diferença entre estes dois valores é de 40.000 quilómetros cúbicos, que constituem fontes de água renováveis. A quantidade de água renovável per capita no mundo é de cerca de 7400 metros cúbicos por ano para cada pessoa. Mas esta quantidade não está distribuída de forma homogénea. Os peritos em hidrologia fixaram o limite do défice hídrico de um país em 1000 metros cúbicos por ano e por pessoa. Estima-se que este número seja de 30 no Egipto, 40 no Qatar, 160 na Líbia e 140 metros cúbicos por pessoa e por ano na Arábia Saudita. Todos eles são considerados países com escassez de água. No Irão, este consumo per capita é estimado em 1500 metros cúbicos por ano. Com esta conta, o Irão não pode ser considerado um país com escassez de água. Uma das formas de adaptação à seca é a utilização óptima dos recursos hídricos. Deve-se tentar utilizar o mais possível a precipitação atmosférica, o fluxo de águas superficiais e os recursos subterrâneos de uma forma optimizada, o que não será prático sem conhecer os fenómenos hidráulicos.

A realização das políticas da água exige a reflexão e a revisão dos requisitos da ciência e da tecnologia numa perspetiva de futuro. Por conseguinte, a introdução de alterações no domínio da água exige a alteração dos padrões de consumo, educação e investigação, produção e transferência de tecnologias adequadas e inovadoras. A este respeito, o desenvolvimento sustentável inclui a regulação e a organização da interação homem-ambiente e da interação homem-homem. Além disso, uma das características mais importantes do século atual é a centralização da "educação" nos discursos de desenvolvimento nos países do mundo e o vasto investimento dos países na educação como a ferramenta mais poderosa para a realização do desenvolvimento sustentável no domínio da água. A água é um recurso único e limitado. O abastecimento adequado de água de boa qualidade é uma preocupação e existe a possibilidade de escassez de água. A escassez de água de boa qualidade é real e é suscetível de ter impactos significativos na economia e no ambiente. Nos Estados Unidos, o público espera que a ciência e a tecnologia da gestão da água sejam incorporadas em políticas efectivas que ajudem a minimizar ou neutralizar os impactos adversos na água. Essa integração leva tempo e apresenta desafios. Os desafios enfrentados por essa integração incluem: a necessidade de formar os decisores, a falta de incentivos necessários, métodos quantitativos de benefício limitado, incerteza na medição ou estimativa do desempenho da tecnologia, a necessidade de princípios orientadores abrangentes, como a sustentabilidade, e a falta de aplicação generalizada da técnica. Vejo. como os sistemas de gestão adaptativa e a gestão ambiental. Há uma necessidade premente de avanços contínuos na ciência e tecnologia da gestão da água para enfrentar estes desafios. No entanto, é necessário educar os decisores e as partes interessadas sobre os potenciais benefícios da aplicação dessas melhorias. Esses esforços educativos são necessários para integrar melhor a ciência, a tecnologia e a política da água, a fim de utilizar melhor a água disponível. É impossível passar da situação existente no sector da água do país para a situação favorável ou para a situação de desenvolvimento sustentável neste sector sem fornecer os requisitos e as bases necessários. Para realizar a política de desenvolvimento sustentável, o nosso país precisa de examinar a política de ciência e tecnologia orientada para o futuro no domínio da água. Não é possível criar condições adequadas para a realização de uma política de desenvolvimento sustentável neste domínio sem introduzir alterações no sistema de ensino, investigação e tecnologia do país. A realização de mudanças no campo das questões hídricas exige reflexão e pesquisa sobre os padrões e temas de ensino e pesquisa, produção de tecnologia, transferência de tecnologia apropriada e inovação. Por isso, este livro busca refletir sobre as políticas de ciência e tecnologia para alcançar o desenvolvimento sustentável no campo hídrico do país nos próximos anos e décadas, o que pode viabilizar a implementação da política de gestão sustentável da água. Por isso, é preciso ter uma perspetiva histórica para rever e analisar a gestão da água e a questão da água. Porque a questão da água tem vários milhares de anos. A visão histórica esclarece porquê e como os problemas da água foram resolvidos pelos antecessores. Para descrever as razões pelas quais chegámos a este ponto, podemos beneficiar de uma perspetiva histórica. Esta perspetiva permite uma melhor compreensão das questões actuais.

A visão histórica da água pode ajudar-nos a saber como chegámos a esta situação infeliz e como poderemos sair dela. As razões pelas quais as opções e os caminhos dos antecessores foram escolhidos em matéria de gestão da água e também as suas consequências a longo prazo são questões que podem ser abordadas sob a forma de uma perspetiva histórica. No entanto, o principal significado da visão histórica é um tipo de visão à sombra da qual somos capazes de identificar e analisar as questões de hoje, a fim de compreender as dimensões do problema e as formas e abordagens para sair da situação atual, olhando para o passado. O que fez com que o nosso país não tivesse instituições civis fortes durante os últimos 1400 anos foi o facto de, desde o passado até agora, devido às condições climáticas secas do Irão e às carências e obstáculos existentes, os iranianos não terem podido ter uma economia florescente. Relativamente à gestão da água, pode dizer-se que a restrição de água imposta a esta terra devido ao clima era maior do que no resto do mundo e esta restrição obrigou a sociedade a tentar resolver os problemas. Por conseguinte, o conhecimento sobre a construção de barragens no Irão e as barragens construídas no Irão estão entre as mais antigas do mundo. Por conseguinte, os iranianos não podiam usufruir de uma agricultura forte e coerente, nem de uma produção económica e de um valor acrescentado provenientes da agricultura e, devido à distância das estradas e das rotas, não era possível comercializar produtos. Os sociólogos devem examinar o passado social do Irão e os obstáculos e reconhecer os obstáculos que causaram a nossa falta de crescimento. Estivemos à frente da Europa até ao século XII d.C. e, mais do que qualquer outra nação, os iranianos ajudaram o mundo no domínio da cultura e da ciência, e o problema é que, após o século XII d.C., a luz da sabedoria extinguiu-se no Irão durante 700 anos, razão pela qual ainda não se sabe bem porquê. A raiz da análise destas questões remonta à economia, à agricultura e à gestão dos recursos hídricos do Irão, bem como à nossa definição de políticas. Aquilo a que se chamou conhecimento indígena não cheira, de facto, a conhecimento indígena. Porque o conhecimento indígena não significa a transferência de conhecimento de uma geração para outra, mas através das muitas investigações que efectuei, diz-se que o conhecimento indígena é um conhecimento sistemático e tem um sistema social. Quando se fala do aqueduto, pode confirmar-se que o aqueduto é um conhecimento indígena poderoso porque tinha um sistema forte e sistemático por detrás. Como é que este aqueduto foi construído ou mantido, ou que relações sociais causaram a sua transmissão ao longo da história? Quem gere esta estrutura ou quem tem parte nela? A soma das respostas a estas perguntas pode ser apreendida como conhecimento indígena. O que aconteceu na história é que, ao longo do tempo, esse sistema social foi levado à destruição por nós. Não se tem mais notícia desse sistema social que tem relações interligadas na manutenção, criação e transmissão do conhecimento indígena. Por outro lado, algo aconteceu após a formação do governo no Irão: o governo formou um grande sistema que inclui gestão, poder e política. Por exemplo, no que diz respeito à questão da água, todas as tarefas e a resolução dos problemas são atribuídas ao governo, enquanto as pessoas da sociedade se consideram longe da preocupação de prestar atenção às questões da água. No passado, os povos indígenas costumavam resolver e gerir a água no âmbito de um conjunto de relações sistemáticas. O conhecimento nativo tem um sistema e um conjunto de relações definidas. Para lidar com o problema do conhecimento nativo é necessário definir a palavra nativo. Quando uso a palavra canvas, canvas significa um leque. A matéria nativa é aquilo que é limitado até um certo ponto. Uma coisa limitada significa algo que é definido por diferentes áreas. A vida humana não está livre de limitações e o conhecimento indígena significa conhecimento limitado. Eu não uso limitado no sentido de avaliação. Quero dizer, não quero dizer que o conhecimento indígena significa conhecimento incompleto ou pouco conhecimento ou qualquer outra descrição da qual queremos tirar conclusões. Conhecimento limitado significa qualquer conhecimento que funcione em relação à história da geografia, instituições e culturas específicas. O termo "incompetente" não pode ser utilizado para este conhecimento limitado. A água é uma das necessidades mais importantes da vida quotidiana, que constitui a maior parte do planeta. O resultado do desenvolvimento económico, industrial e social na maioria dos países levou a um aumento da poluição dos recursos hídricos. Por conseguinte, é necessária uma monitorização contínua da qualidade da água para prevenir futuras catástrofes que afectem negativamente a qualidade e a quantidade dos recursos hídricos. O sistema de informação geográfica (SIG) é utilizado em vários domínios para monitorizar e analisar dados recolhidos em diferentes localizações geográficas. A integração do SIG e de outras tecnologias tornou-se uma ferramenta essencial. Isto permite-nos dar mais passos e ser mais bem sucedidos no controlo, na procura de soluções, na redução de custos, na análise e no aumento da precisão e da eficiência. Nos últimos anos, devido ao rápido desenvolvimento da tecnologia em muitos domínios, foi proposta uma combinação de SIG com diferentes tecnologias, como a deteção remota, as redes de sensores sem fios e a Internet das coisas. A qualidade da água refere-se às características químicas, físicas e biológicas da água, que determinam o nível adequado de água para consumo humano e proteção ambiental. A qualidade da água pode ser examinada no que respeita à água potável, às águas de superfície, às águas subterrâneas e à água utilizada na indústria e na agricultura. A gestão da qualidade da água é um conceito importante no domínio do ambiente e da saúde pública, que se refere à garantia da qualidade da água e à sua melhoria para utilização humana, industrial e ambiental. A qualidade da água, num sentido geral, inclui as características físicas, químicas e biológicas da água que são importantes para o consumo humano e para a proteção do ambiente. A gestão inteligente da qualidade da água significa a exploração de tecnologias modernas e de dados de inteligência artificial para monitorizar, avaliar e melhorar a qualidade da água. A verificação da qualidade da água é um passo importante na direção de uma utilização óptima e adequada dos recursos hídricos para consumo, bem como na escolha do padrão de cultivo adequado compatível com a qualidade da água. Por conseguinte, a necessidade de estudar as características de qualidade da água nos programas de gestão dos recursos hídricos tem sido fortemente considerada. A água é um recurso único e limitado. O abastecimento adequado de água de boa qualidade é uma preocupação e existe o potencial de escassez de água. A escassez de água de boa qualidade é real e é suscetível de ter impactos significativos na economia e no ambiente. Nos Estados Unidos, o público espera que a ciência e a tecnologia da gestão da água sejam incorporadas em políticas efectivas que ajudem a minimizar ou neutralizar os impactos adversos na água. Essa integração leva tempo e apresenta desafios. Os desafios enfrentados por essa integração incluem: a necessidade de formar os decisores, a falta de incentivos necessários, métodos quantitativos de benefício limitado, incerteza na medição ou estimativa do desempenho da tecnologia, a necessidade de princípios orientadores abrangentes, como a sustentabilidade, e a falta de aplicação generalizada da técnica. Vejo. como os sistemas de gestão adaptativa e a gestão ambiental. Há uma necessidade premente de avanços contínuos na ciência e tecnologia da gestão da água para enfrentar estes desafios. No entanto, é necessário educar os decisores e as partes interessadas sobre os potenciais benefícios da aplicação dessas melhorias. Esses esforços educativos são necessários para integrar melhor a ciência, a tecnologia e a política da água, a fim de utilizar melhor a água disponível. Como um dos elementos mais importantes da gestão urbana, o município pode ter um papel efetivo na prestação de serviços públicos e na gestão de alguns assuntos locais. Um dos grandes desafios dos países em desenvolvimento no mundo de hoje é prestar atenção à preservação dos recursos hídricos e à sua proteção e exploração optimizada, para além de abordar as infra-estruturas de desenvolvimento nesses países. A gestão da água das minas é um desafio mundial. A sua qualidade e quantidade estão relacionadas com o tipo de minério e, se não for utilizada ou gerida corretamente, pode conduzir à poluição ambiental. A melhor forma de gestão da água e a gestão inteligente da água das minas podem ser consideradas a melhor solução e manter um nível de vida aceitável no presente e no futuro. Para conseguir a proteção do ambiente, a gestão da água das minas deve ser aplicada conjuntamente pela indústria, pelas entidades reguladoras e pelas partes interessadas. A procura crescente de água para aumentar o bem-estar e o conforto dos seres humanos é um dos principais desafios que os governos avançados do mundo e os países do mundo enfrentam. Estão a enfrentá-lo agora. Os custos sociais do consumo excessivo de água aumentaram tanto que levaram muitos países a enfrentar problemas de política social. Nesta matéria, é necessário mencionar a quantidade e a quantidade de água que entra no processo, bem como a quantidade e a quantidade de água que sai. Estes casos dão uma boa imagem da consciência ambiental do consumo de água nesta matéria. Em todo o mundo, especialmente no Irão, o nível de gestão da água é considerado um dos principais pontos de vista. A poluição da água tornou-se um problema global, muitas mortes e doenças são causadas em todo o mundo devido à poluição da água, e diariamente muitas pessoas em diferentes partes do mundo, tanto em países desenvolvidos como em desenvolvimento, são afectadas pela poluição. Perdem as suas vidas. Por conseguinte, é necessário avaliar esta questão para resolver o problema. A qualidade da água é afetada por muitos factores, como a precipitação, o clima, o tipo de solo, a vegetação, a geologia, as condições de fluxo, as águas subterrâneas e as actividades humanas. As actividades humanas, incluindo a industrialização e as actividades agrícolas, destroem e poluem grandemente o ambiente, o que tem um efeito adverso nos rios, mares e oceanos. O aumento da população do planeta, o aquecimento global, a diminuição da pluviosidade, o desenvolvimento da indústria, o aumento do consumo de água nos sectores urbano, industrial, agrícola, etc., provocaram uma diminuição da água disponível e também uma diminuição da qualidade dos recursos hídricos. O que é evidente é que já não é possível gerir os recursos hídricos com o processo atual, porque todos os cenários climáticos e hidrológicos mostram uma diminuição do nível da água dos rios e a estagnação dos lençóis freáticos subterrâneos. Além disso, a quantidade de água disponível para os seres humanos é limitada e não corresponde de forma alguma ao aumento da população. Por conseguinte, a fim de compensar a falta de recursos hídricos convencionais, reduzir a pressão sobre os recursos hídricos existentes e ultrapassar a crise da água, é inevitável utilizar água não convencional ou, por outras palavras, água de baixa qualidade em diferentes partes do consumo, de acordo com a sua qualidade, a fim de compensar algumas destas deficiências. Embora a utilização de águas residuais na agricultura esteja associada a muitos benefícios, se esta for feita sem um planeamento cuidadoso e uma gestão e supervisão adequadas, pode conduzir a graves e numerosos efeitos sociais, económicos e ambientais. Neste artigo, procura-se discutir os benefícios e os riscos da utilização de águas residuais no sector agrícola. No final, são apresentadas soluções para uma utilização mais optimizada das águas residuais em utilizações não agrícolas, que apresentam menos riscos ambientais e são mais aceitáveis. A falta de recursos hídricos e a seca são as principais limitações à produção agrícola nas regiões áridas e semi-áridas do Irão e, devido à extração indiscriminada de águas subterrâneas, a qualidade das águas agrícolas está a diminuir. Uma das políticas eficazes mais importantes no planeamento dos recursos hídricos e na gestão da procura de água no sector agrícola é a tarifação da água. As alterações climáticas à superfície do planeta, a diminuição da precipitação no Irão e a continuação desta tendência na região, com a consequente falta de recursos hídricos e as restrições criadas, bem como o seu impacto na qualidade da água, constituem desafios importantes para a agricultura e a produção vegetal. Por conseguinte, a quantidade de consumo de água, a quantidade de produtividade e, em última análise, a produção de culturas, bem como a seleção de uma cultura adequada para a área estudada, serão muito importantes e eficazes. A eficiência do consumo de água é um dos indicadores da utilização óptima da água de irrigação, que é considerada como o indicador principal e científico para controlar a utilização óptima da água e a produção agrícola. Atualmente, uma das preocupações mais importantes da humanidade é a falta de água potável. Assim, existe a possibilidade de surgirem problemas graves para as gerações futuras. Por conseguinte, de acordo com esta questão, a utilização de efluentes de filtros em estações de tratamento de água (devido ao seu elevado volume) é essencial e pode ser um passo eficaz nesta direção. O exame das tendências passadas e das previsões futuras mostrará a situação desfavorável da qualidade dos recursos hídricos do país nos próximos anos. Devido à distribuição não homogénea da população no país, a quantidade de produção de águas residuais nas províncias e bacias hidrográficas do país não é uniforme e, nas zonas de concentração da população e da indústria, haverá uma maior pressão sobre o ambiente, especialmente sobre os recursos hídricos. De acordo com os planos existentes, a utilização de águas residuais neste domínio irá crescer fortemente nos próximos anos. Embora esta questão seja aceitável em termos de quantidade de água, mas de acordo com os processos de tratamento existentes, os efluentes resultantes podem causar problemas sanitários e ambientais imprevistos. De acordo com os exemplos mencionados, se a tendência atual se mantiver, não haverá definitivamente uma perspetiva clara e aceitável no domínio da qualidade da água no país. Recentemente, a utilização de modelos matemáticos para simular a qualidade da água dos rios tem sido muito desenvolvida e, devido à complexidade e multiplicidade dos processos de qualidade dos recursos hídricos de superfície e à existência de numerosos coeficientes e constantes químicas e biológicas, a utilização de um sistema de inferência neural difusa adaptativo é um novo método de previsão qualitativa dos rios. Os estudos biológicos e ecológicos dos recursos hídricos são um dos temas básicos da investigação científica e das investigações relacionadas com os recursos hídricos. A identificação das características de cada ecossistema, dos organismos vivos e dos factores ambientais que o regem é considerada o primeiro passo destes estudos. A qualidade da água dos rios pode ajudar na gestão e planeamento dos recursos hídricos. A água necessária para a agricultura deve ser de qualidade adequada e normalizada, a fim de se conseguir uma produção de qualidade e sustentável dos recursos alimentares. Caso contrário, criam-se problemas graves que podem ser insuperáveis. A avaliação qualitativa dos recursos hídricos através de indicadores qualitativos é um dos métodos potenciais de gestão dos espaços hídricos, de planeamento da proteção da qualidade e de prevenção da poluição dos recursos hídricos. Analisar a relação entre a contabilidade e a gestão da energia e da água, tendo em conta condições especiais como a crescente crise da água e a falta de informação à disposição dos gestores para a tomada de decisões relevantes neste domínio. O aspeto contabilístico da gestão ambiental tem sido altamente considerado na gestão das empresas de água, mas até agora a ênfase tem sido colocada nos relatórios externos. A investigação atual está relacionada com a contabilidade da gestão da água de Hambham e é difícil distinguir entre as técnicas disponíveis. Além disso, com base nesta investigação, nem sequer é possível determinar a ferramenta mais adequada para uma situação de tomada de decisão. As águas subterrâneas são uma das fontes de abastecimento de água de que os seres humanos necessitam, especialmente em zonas secas e com escassez de água. A água subterrânea não é afetada por secas de curta duração e, se utilizada corretamente, é uma fonte fiável para satisfazer as necessidades humanas. Estes resultados são de importância estratégica na tomada de decisões para o futuro desenvolvimento e recrutamento de tais áreas. A utilização óptima dos recursos hídricos, tais como reservatórios de lagos e barragens, requer métodos de monitorização adequados e a manutenção da sua qualidade, a fim de melhorar a saúde. Atualmente, devido à diminuição da quantidade e da qualidade da água, a avaliação da qualidade da água potável tornou-se muito importante. A avaliação da qualidade da água desempenha um papel muito útil na proteção dos recursos hídricos. O aumento da procura de água aumentou a importância da avaliação da qualidade dos recursos hídricos. Parece necessário avaliar o índice de qualidade da água da rede de distribuição escolar devido à exposição oral das crianças, enquanto grupo sensível e vulnerável, aos poluentes da água. A escassez de água no mundo fez com que a reutilização de águas cinzentas se justificasse em muitas sociedades. Nesta investigação, foi apresentada uma estratégia estratégica através da reciclagem da água e de várias tecnologias de purificação, a fim de alcançar um plano de reciclagem integrado em consonância com a gestão dos recursos hídricos no abastecimento de água. A utilização de águas cinzentas reduz os encargos financeiros das águas residuais e a poluição dos esgotos, bem como uma menor recolha de recursos subterrâneos e superficiais. A poluição da água é uma das questões ambientais mais problemáticas nas bacias hidrográficas globais e a agricultura é um dos principais factores de poluição da água. A drenagem dos esgotos agrícolas devido à utilização de fertilizantes e pesticidas em diferentes fases do cultivo contribui de forma significativa para a poluição das fontes de água. A pegada hídrica cinzenta é uma componente do conceito de pegada hídrica que mostra diretamente os efeitos ambientais causados pela utilização de fertilizantes e pesticidas nos produtos agrícolas. A origem das alterações climáticas e das mudanças que estão a aumentar e a progredir na Terra surgiu desde o aparecimento dos seres humanos no globo azul. A introdução de gases destrutivos com efeito de estufa que entraram em demasia na terra e a revolução industrial são os principais factores destas alterações, cujos resultados principais e comuns são o aquecimento global e as alterações nas principais correntes marítimas, que na natureza respondem pelo prolongamento das estações. Em diferentes regiões do globo, deparamo-nos com épocas de baixa pluviosidade ou de chuva, ou mesmo de geada, em que as épocas de baixa pluviosidade provocam secas e as épocas de alta pluviosidade provocam inundações destruidoras, ambas com um impacto significativo na economia e na mortalidade de uma região. A quantidade e a qualidade da água são um dos principais fundamentos do desenvolvimento sustentável. Em particular, os rios têm sido mencionados como uma das principais e acessíveis fontes que suprem as necessidades das sociedades humanas e, para além da quantidade de água, a sua qualidade é também considerada como um dos importantes parâmetros determinantes. Neste artigo, foram investigadas e classificadas as alterações qualitativas dos rios Armand e Bazeft, que desaguam na barragem de Karun Chahar. Os resultados mostram que, nos últimos seis anos, a maioria dos parâmetros de qualidade se manteve estável e não sofreu grandes alterações. Com base nos indicadores de qualidade, a qualidade dos rios em questão situa-se no intervalo adequado em termos de agricultura e é boa em termos de consumo. A qualidade da água está sujeita a julgamento e arbitragem com três componentes: proteção da saúde dos indivíduos e da sociedade, aceitação e aceitação geral, e influência na durabilidade (sustentabilidade) das instalações. Na era contemporânea, a exploração dos recursos hídricos mais rápida do que a velocidade de recuperação, juntamente com a falta de uma disciplina e de uma supervisão eficazes da gestão dos poluentes e da proteção da água, acelerou a deterioração da qualidade dos recursos hídricos do país e provocou alterações indesejáveis. A procura social sobre a questão da qualidade da água ultrapassou a fronteira da saúde e dos seus efeitos sobre a saúde e estendeu-se às áreas da satisfação social e da proteção das instalações. Nesta situação, as unidades de saúde da água das empresas de água e saneamento, com uma estrutura tradicional inspirada nas instituições de saúde, que considera que a qualidade da água se limita aos seus efeitos sobre a saúde, não poderão responder à procura pública sobre a questão da qualidade da água. E é necessário substituir o modelo de engenharia da qualidade da água com o horizonte idealista e com uma perspetiva revolucionária. Neste modelo, o engenheiro de qualidade da água, com base nos princípios científicos de que é exemplo a questão dos nitratos, e em conformidade com os requisitos da gestão comparativa, extrai dos dados laboratoriais em bruto, indicadores de gestão eficazes e considerando as regras económicas, a avaliação de riscos e as necessidades técnicas e sociais, fornece as melhores e mais correctas conclusões. Além disso, ao aplicar a opinião nas decisões relacionadas com a conceção dos processos e estruturas de purificação, armazenamento e transferência de água e a seleção de materiais e materiais, a ideia de engenharia da qualidade da água é realizada. A deteção remota de petróleo proporcionou uma grande oportunidade aos geomorfólogos para estudarem as alterações temporais dos grandes rios, criou uma oportunidade para os gestores ambientais definirem as linhas costeiras, monitorizarem a qualidade da água e mostrarem como a monitorização e a gestão da qualidade da água podem ser feitas. pode ser implementada A aplicação potencial da deteção remota para controlo e monitorização é eficaz para fazer avançar o conceito de gestão sustentável dos recursos hídricos. As tecnologias de teledeteção e SIG, juntamente com a modelação computacional, são ferramentas úteis para encontrar soluções para o futuro planeamento e gestão dos recursos hídricos para os governos, especialmente no domínio da adoção de políticas relacionadas com a qualidade dos recursos hídricos. Além disso, o aspeto fundamental da gestão das zonas húmidas inclui o seu envolvimento e controlo com a ajuda de métodos de deteção remota, para que os gestores possam dispor de informações eficazes e úteis sobre as mesmas. O objetivo deste estudo é estimar o potencial da deteção remota RS na investigação das alterações quantitativas e qualitativas dos recursos hídricos causadas por factores naturais e antrópicos, utilizando vários exemplos. O predomínio de climas áridos e semi-áridos no país, aliado às alterações climáticas e à destruição do meio ambiente, juntamente com o aparecimento de fenómenos de seca, desenha uma perspetiva desfavorável em termos de satisfação das necessidades crescentes de consumo de água. Um dos objectivos importantes na gestão dos recursos hídricos é classificar e identificar a qualidade da água subterrânea. Na agricultura, na indústria, as águas subterrâneas têm desempenhado um papel importante. Um dos principais problemas na tomada de decisões sobre a qualidade da água é a utilização de métodos convencionais para obter a qualidade da água, o que inclui a incerteza da amostragem e da análise. A formulação de regras para a afetação simultânea da quantidade e da qualidade da água tem uma grande importância no desenvolvimento sustentável e na gestão adequada dos recursos hídricos. A alocação de água com atenção simultânea aos objectivos relacionados com o abastecimento de água em quantidade e qualidade, apesar de aumentar a flexibilidade e eficiência das políticas de gestão quantitativa e qualitativa dos recursos hídricos, a complexidade computacional dos modelos de otimização necessários aumentará significativamente. Na discussão sobre a exploração quantitativa e qualitativa dos recursos hídricos, é muito importante investigar a possibilidade de formar uma coligação entre os utilizadores da água, a fim de maximizar os benefícios. A poluição da água é um grande problema mundial que exige uma avaliação e revisão contínuas da política de recursos hídricos a todos os níveis. Sempre se chamou a atenção para o facto de a poluição da água ser a causa da morte de muitas pessoas em todo o mundo. O rápido crescimento da população, o progresso da indústria mineira e das fábricas industriais e, consequentemente, a necessidade crescente de recursos hídricos, exigem que se preste mais atenção aos recursos hídricos e se evite a sua poluição, especialmente através das minas industriais. A contaminação das águas superficiais nas zonas mineiras com poluentes industriais provenientes das minas e dos seus produtos tornou a questão da qualidade destas águas mais importante... As actividades mineiras são uma das actividades humanas mais importantes, amplas e abrangentes, que fornecem efetivamente as matérias-primas necessárias para iniciar o ciclo de atividade. São a indústria. A província de Kerman, no Irão, é também uma das áreas com elevado potencial em termos da presença de minerais como o cobre. Além disso, Kerman situa-se numa faixa quente e seca em termos de clima e está sempre a enfrentar uma grave crise de falta de recursos hídricos. É por esta razão que se afigura necessário acompanhar de perto as actividades mineiras desta província e evitar a transferência excessiva de poluição para estas fontes. A localização de uma grande parte do nosso país na faixa quente e seca, juntamente com as alterações desfavoráveis do clima mundial nas últimas décadas, tornou extremamente importante a preservação e a gestão dos recursos hídricos do país. As águas superficiais e subterrâneas são as duas fontes básicas de abastecimento de água e, uma vez que estas fontes estão em contacto direto com o solo, o ar e outros elementos da natureza, estão sempre expostas a diversas poluições, na sua maioria causadas pelas actividades humanas e pelo incumprimento dos princípios ambientais... As actividades mineiras são uma das actividades humanas mais importantes, mais amplas e mais abrangentes, que fornecem efetivamente as matérias-primas necessárias para iniciar o ciclo da atividade industrial. A província de Kerman, no Irão, é também uma das áreas com elevado potencial em termos de presença de minerais como o cobre. Além disso, Kerman situa-se numa faixa quente e seca em termos de clima e está sempre a enfrentar uma grave crise de falta de recursos hídricos. É por esta razão que parece necessário acompanhar de perto as actividades das minas nesta província e evitar a transferência excessiva de poluição para estas fontes. A abordagem do comércio da poluição é um método de gestão ambiental da bacia hidrográfica de um ponto de vista económico, no qual as fontes poluidoras com elevados custos de controlo da poluição tentam comprar licenças de descarga de poluição a fontes poluidoras com custos de controlo da poluição mais baixos como uma mercadoria, de tal forma que, embora cumprindo as normas ambientais, tanto os compradores como os vendedores lucram. Este sistema determina a relação de troca entre as unidades, tendo em conta a taxa de auto-purificação do rio e a distribuição e transferência de poluentes, e fornece o padrão de troca ótimo com a ajuda de um método de otimização. Para ter em conta as incertezas no sistema fluvial, aplicando a análise de incerteza de Monte Carlo, é considerado o risco de violação da norma de qualidade da água nos pontos de controlo do rio. Nos últimos anos, foram considerados vários métodos estatísticos, matemáticos e de simulação por computador para estimar os parâmetros de qualidade da água. A estimativa de alguns parâmetros de qualidade da água é muito morosa e dispendiosa em comparação com a medição da salinidade da água. Neste sentido, parece essencial encontrar uma solução para estimar os factores de qualidade da água utilizando a salinidade. A água é um dos factores mais importantes e fundamentais na vida dos organismos vivos, deste ponto de vista, a gestão da qualidade da água é igualmente importante e importante. A limitação dos recursos de água doce no mundo e o aumento do consumo colocaram a água na competição de diferentes países e grupos, e a água desempenha um papel essencial na definição das relações sociopolíticas entre grupos sociais. O Irão, como um dos países situados na região árida e semi-árida do mundo, precisa de medidas necessárias para manter e gerir os seus recursos hídricos. O planeamento da gestão dos recursos hídricos é necessário para uma gestão adequada dos recursos e utilizações da água. O comércio da qualidade da água ou o comércio de águas residuais é uma abordagem inovadora para atingir os objectivos da qualidade da água da forma mais eficiente possível. Os legisladores no domínio da água e da sua qualidade aprovaram planos comerciais de qualidade da água a nível das bacias hidrográficas, a fim de atingir os objectivos de qualidade da água. Nesta investigação, é analisado o conceito de comércio de direitos de qualidade da água e a sua comparação com os programas de comércio de direitos de poluição atmosférica, bem como um exemplo desta ação nos Estados Unidos. As barragens e os rios são as fontes mais importantes de água potável, da agricultura e da indústria e, devido ao facto de passarem por diferentes leitos e zonas e de estarem em contacto direto com o ambiente que os rodeia, têm muitas flutuações qualitativas. Devido à complexidade e multiplicidade dos processos qualitativos dos recursos hídricos superficiais, a utilização de um sistema de inferência neural fuzzy-adaptativo que tem a capacidade de aprender e compreender as relações que regem tais processos sem a necessidade de equações de governo. O processo de desenvolvimento e avaliação baseia-se em dados de aprendizagem e dados de teste, que neste artigo prevêem os resultados corretamente, mas devido à indisponibilidade de mais amostras estatísticas em algumas estações de amostragem, o desempenho da previsão não se mostrou. A utilização de um sistema de inferência neural fuzzy-adaptativo pode ser uma nova abordagem prática na previsão do estado de qualidade de barragens, linhas de transmissão de água, estações de tratamento e rios que tenham dados suficientes para as fases de treino e validação. O aumento do consumo e da necessidade de água, a diminuição da qualidade e o aumento da quantidade de elementos na água exigem uma gestão da qualidade e uma utilização óptima de todos os recursos disponíveis. Como se pode ver, nos últimos anos, a qualidade da água tornou-se quase tão importante como a sua quantidade. A utilização óptima da água, esta confiança celestial leva os utilizadores a utilizar todos os meios possíveis, tais como a melhoria dos métodos de irrigação, a alteração do padrão de cultivo, a mecanização da agricultura, etc. Um dos métodos que se tem verificado em diferentes regiões desde o passado é a mistura de água. Os rios são uma das maiores fontes de água doce, pelo que é necessário tentar manter a qualidade destas fontes. A qualidade da água destas fontes depende de vários factores, incluindo factores hidrológicos, físico-químicos e biológicos. O crescimento cada vez maior da população mundial, a expansão das cidades e o aumento da poluição destes recursos devido à presença de várias indústrias e da agricultura nas suas bacias, levantam cada vez mais a questão da gestão global e integrada dos recursos hídricos e da sua exploração como um recurso sustentável a nível internacional. Tendo em conta a falta de receitas atmosféricas no país, a poupança de água doce e a prevenção da sua poluição, bem como o aumento da eficiência da irrigação, é o método mais eficaz para otimizar a utilização dos recursos disponíveis e alcançar o bem-estar com as condições naturais existentes. O comércio da qualidade da água é considerado como uma nova abordagem na gestão ambiental, especialmente no âmbito da qualidade dos recursos hídricos e do desenvolvimento sustentável. Este método, ao contrário das abordagens convencionais para o debate sobre o controlo da qualidade e a monitorização das emissões poluentes, tem em conta, em primeiro lugar, as capacidades de auto-cura do ambiente e, através da utilização de normas orientadas para o ambiente (Carga Ambiental) e da Faixa de Descarga Máxima Permitida (TMDL), fornece a base para a interação das partes interessadas. . Em seguida, com um ponto de vista de gestão e com base numa análise técnica e económica, tenta criar um mercado para a compra e venda de licenças de descarga na área estudada. O objetivo da formação deste mercado é reduzir os custos totais associados à purificação de materiais poluentes por todas as partes interessadas, mantendo a qualidade das fontes de água receptoras dentro do intervalo padrão. A água do solo e os sistemas de produção são recursos naturais importantes nas bacias hidrográficas. Os métodos de gestão dos recursos naturais são métodos que protegem os recursos hídricos e os solos e que também ajudam a manter a qualidade das águas superficiais e subterrâneas. A gestão adequada das bacias hidrográficas é uma das operações que devemos ter a certeza de que todas as actividades de desenvolvimento têm um efeito aceitável na qualidade e no desempenho da água. Os desafios relacionados com a gestão da água na bacia de Abkhiz incluem a falta de capacidades dos recursos humanos, limitações financeiras e questões sociais e económicas. A utilização de métodos científicos minimiza os efeitos da alteração do uso do solo no comportamento hidrológico para a gestão dos recursos. Nas zonas tropicais, estes métodos devem ser introduzidos e utilizados. Os programas de gestão, as políticas e as orientações devem ser reforçados para facilitar estes métodos de controlo. O solo é examinado. Os resultados deste estudo mostraram que a utilização abrangente de métodos práticos de conservação do solo e da água não só provoca um aumento sustentável da produção, como também mantém a qualidade do solo nas bacias hidrográficas. A determinação dos efeitos da utilização das terras no solo é possível através do estudo e da avaliação dos indicadores de qualidade do solo. Uma das questões mais importantes a nível mundial é a dos efeitos destrutivos da agricultura na qualidade do solo. É possível determinar os efeitos da utilização das terras no solo através do estudo dos indicadores de qualidade do solo. Nas regiões áridas e semi-áridas, se os recursos hídricos não forem geridos e se a qualidade e a quantidade de água não forem tidas em conta, podem surgir tensões imprevisíveis para o país, pelo que é necessário fornecer soluções de gestão de crises hídricas para uma gestão óptima da água. O aumento da população, a urbanização, a industrialização e as alterações no uso do solo intensificaram o processo de destruição ambiental nas últimas décadas e colocaram os recursos existentes em cada país, incluindo os recursos hídricos e a sua qualidade, sob uma pressão crescente, sendo a sua gestão razoável e racional muito difícil. Para enfrentar e alcançar soluções adequadas para gerir e controlar a crise da água, são necessárias estatísticas e informações sobre a situação atual e as tendências prevalecentes no futuro. As águas subterrâneas, enquanto recurso renovável e acessível, sempre tiveram interesse em muitas regiões, especialmente nas regiões áridas e semi-áridas. O planeamento da gestão da utilização dos recursos hídricos subterrâneos exige, acima de tudo, o conhecimento do seu estado quantitativo e qualitativo. Os rios são considerados como uma das fontes básicas de abastecimento de água para vários usos, como a agricultura, o consumo e a indústria, pelo que a monitorização destas fontes em relação às secas recentes e ao desenvolvimento urbano e rural é considerada uma das tarefas importantes no domínio da gestão ambiental. Além disso, estes recursos são muito importantes em termos de desenvolvimento socioeconómico e político. Uma das abordagens eficazes na gestão da qualidade da água dos rios é o comércio de licenças de descarga de poluição. Para além de reduzir o custo total do tratamento das cargas poluentes, esta atividade pode conduzir a uma distribuição equitativa dos custos de tratamento, criando transacções financeiras entre os descarregadores, mantendo simultaneamente as normas de qualidade da água ao longo do rio. Por conseguinte, todos os descarregadores terão um incentivo económico para participar no processo de transação de licenças de descarga. Apesar do desenvolvimento de modelos de transação de licenças de descarga de cargas poluentes, têm sido feitos esforços limitados para desenvolver modelos de transação que considerem simultaneamente vários poluentes. Esta questão é relevante na medida em que a gestão da qualidade da água nos rios tem de ser feita de acordo com diversas variáveis-chave da qualidade da água que normalmente interagem. Nesta investigação, foi apresentada, pela primeira vez, uma versão do modelo de comércio de rácio de poluente único num cenário de dois poluentes. Os resultados desta investigação mostram a eficiência adequada do modelo desenvolvido para a gestão da qualidade dos recursos hídricos superficiais. É apresentada uma nova estrutura para a gestão não determinística da qualidade dos rios, utilizando modelos de jogos para dois jogadores com objectivos difusos, de modo a que, ao mesmo tempo que se mantém a qualidade da água a um nível ótimo, também se apresenta o modelo ótimo de gestão da qualidade dos rios e se consideram as incertezas existentes. Além disso, na etapa seguinte, através do treino do modelo de máquina de vectores de apoio probabilístico, é possível gerir a qualidade do rio em tempo real sem realizar etapas de otimização. A eficiência dos modelos propostos foi avaliada utilizando a informação do sistema fluvial de Zarjoub, Gilan. Os resultados obtidos com a aplicação do modelo mostram a eficácia adequada do método proposto na gestão da qualidade dos sistemas fluviais. A gestão qualitativa dos rios tem normalmente vários decisores com interesses diferentes. Uma das questões importantes no debate sobre a gestão qualitativa dos rios é a formulação de políticas com as quais as partes interessadas concordem. Uma das soluções disponíveis neste domínio é a modelação do processo de negociação entre os descarregadores. Os jogos de sinais podem modelar um processo de negociação natural e fornecer estratégias de equilíbrio para a utilização adequada da capacidade de carga poluente do rio. Nos últimos anos, a utilização polivalente do potencial dos recursos hídricos, especialmente dos rios da província, a fim de otimizar a utilização destes recursos e criar emprego, tem sido seriamente considerada, sendo a construção de tanques de criação de peixes a montante de alguns rios permanentes e a utilização da sua água para a criação de salmões Ala um exemplo dessas actividades. As águas subterrâneas são uma fonte valiosa de água para consumo, agricultura e indústria. Tendo em conta as alterações de qualidade das águas subterrâneas que podem ser causadas pelas actividades humanas, é necessário investigar e estudar estes recursos de modo a manter a sua qualidade. A gestão da qualidade é uma das partes importantes da gestão global dos recursos hídricos, que estabelece a relação entre os recursos hídricos e o ambiente. Várias actividades humanas dependem da água e, por esta razão, as civilizações cresceram e expandiram-se principalmente perto de fontes de água.   A monitorização da qualidade da água não só melhora a qualidade da água, mas também tem um valor económico no processo de produção de água saudável e é um fator importante na redução dos custos de produção e purificação da água. As fontes de água subterrâneas têm uma qualidade diferente devido ao facto de passarem por diferentes camadas da crosta terrestre. Por outro lado, o aumento da descarga de esgotos urbanos e industriais, resíduos e materiais sólidos, bem como a utilização de venenos e fertilizantes químicos, também acelerou este processo. O declínio e a redução contínuos dos reservatórios subterrâneos de água devido à extração excessiva de fontes de água, a diminuição sem precedentes da precipitação nas últimas duas décadas e as alterações climáticas conduziram a uma tendência em que o volume de água muda ao longo do tempo de um local para outro e de um estado (líquido, sólido, gasoso) para outro, por outro lado, a necessidade atual de água para fins potáveis e industriais, etc., aumentou, pelo que é de particular importância abordar esta questão. O crescimento demográfico, a redução per capita dos recursos hídricos renováveis e as alterações climáticas são alguns dos principais problemas que a gestão dos recursos hídricos enfrenta no mundo. A drenagem agrícola é uma operação de gestão necessária para os agricultores e pastores, a fim de alcançar um nível estável de produção económica em zonas húmidas com solos de permeabilidade lenta e em zonas férteis. Os sistemas de drenagem que foram instalados no passado e que funcionam com base na gravidade ou na bombagem, transferiram a água que chegou às condutas ou aos cursos de água para o exterior da área que necessita de drenagem. Os efeitos secundários das águas de drenagem são conhecidos há muito tempo. Atualmente, as águas residuais de drenagem, à medida que aumentam a quantidade de caudais laterais, contêm alimentos, produtos químicos agrícolas ou Sabe-se que os sais solúveis podem ter efeitos negativos no ribeiro ou na fonte de água recetora. Estas poluições podem ter efeitos ambientais ou ecológicos, como o aumento da absorção, a acumulação de substâncias em lagos, a expansão de ambientes anaeróbicos, a destruição de habitats animais, problemas de reprodução em espécies selvagens e a poluição de fontes de água potável. A gestão das águas de drenagem ou o controlo das saídas de drenagem subterrânea é uma operação de gestão eficaz para evitar estes problemas. Atualmente, a crise da água obrigou os países do mundo a mudarem a sua visão no domínio da gestão dos recursos hídricos, passando da gestão da oferta para a gestão da procura e, para além disso, da gestão instrumental para a gestão não-instrumental, estabelecendo-se assim uma gestão interligada dos recursos hídricos. A gestão da qualidade da água é feita através da utilização de modelos empresariais de autorização de descarga de cargas poluentes e de resolução de litígios para controlar vários indicadores de poluentes no sistema fluvial. A previsão da qualidade dos recursos hídricos, especialmente dos rios, pode desempenhar um papel eficaz na gestão e exploração optimizadas dos mesmos. Na gestão integrada dos recursos hídricos, a manutenção da qualidade da água, especialmente em zonas que enfrentam recursos hídricos limitados, é considerada um dos pilares do planeamento. Devido à complexidade e multiplicidade dos processos qualitativos dos recursos hídricos superficiais, a utilização de um sistema de inferência adaptativo fuzzy-neural que tem a capacidade de aprender e compreender as relações que regem tais processos sem a necessidade de equações de governo, um novo método para prever a qualidade dos rios foi apresentado. O estabelecimento de um método simples, rápido, barato e sensível nas abordagens modernas de gestão da qualidade da água foi efectuado, prestando atenção à localização. A eliminação óptima dos resíduos é uma das principais investigações. Este estudo foi efectuado utilizando a tecnologia GIS. Parece necessário investigar o fenómeno da estratificação térmica como um dos indicadores da qualidade da água de reservatórios e lagos e da sua gestão da qualidade. Este evento afecta frequentemente a qualidade da água da albufeira da barragem, bem como a qualidade da água que sai da mesma, especialmente no sector de consumo. Em geral, vários parâmetros meteorológicos e hidrológicos têm um efeito sobre este fenómeno, e os períodos de simulação são seleccionados de forma a que o efeito da maioria destes parâmetros sobre o fenómeno de estratificação seja investigado. Várias técnicas de medição da qualidade das águas superficiais têm sido estudadas e investigadas em todo o mundo, entre as quais o índice de qualidade da água é um dos métodos mais utilizados e simples. Diferentes países, especialmente os países em desenvolvimento, apesar dos problemas de ambiguidade e obscuridade dos indicadores, estão a tentar desenvolver um índice nacional que seja válido no território e baseado nas condições das regiões. Nas últimas décadas, o crescimento demográfico e as actividades industriais e sociais, para além de criarem outros problemas ambientais, também desempenharam um papel importante na poluição das águas subterrâneas; este problema está a agravar-se todos os dias e o papel do controlo da qualidade da água está a aumentar. Os níveis de nitratos são mais críticos do que os de outras substâncias solventes na água e constituem uma razão para a poluição da água por esgotos domésticos e industriais ou mesmo por fertilizantes químicos. Uma das estratégias de proteção das águas superficiais consiste em verificar a sua qualidade e identificar as fontes poluidoras. Trata-se do controlo e da eliminação da poluição. A descarga de poluentes causada pelas actividades humanas nas águas superficiais tem ameaçado seriamente a qualidade da água. Um dos parâmetros qualitativos importantes é o TDS, que exprime efetivamente a salinidade da água através da medição da concentração de sólidos totais dissolvidos. A fim de preservar os recursos hídricos e os solos nas zonas costeiras secas, é necessário adotar medidas adequadas que se baseiam principalmente em estudos exaustivos da gestão dos recursos hídricos. Atualmente, o volume e a cobertura dos dados espaciais produzidos em todo o mundo estão a aumentar e existe uma grande quantidade de dados espaciais à disposição dos utilizadores. Devido ao aumento do volume de dados, à sua natureza digital e ao desenvolvimento das aplicações e análises necessárias, os métodos de análise de dados espaciais, como os métodos estatísticos, não podem ter velocidade, precisão e eficiência suficientes. Entretanto, a utilização da ciência de extração de dados é uma solução adequada para analisar e extrair informações úteis dos dados espaciais existentes. A gestão dos recursos humanos ajuda a desenvolver uma cultura ecológica através da formação dos trabalhadores. No entanto, vários elementos também desempenham papéis importantes. A água é sempre a necessidade primária mais importante das sociedades humanas, devido a razões como o aumento do bem-estar e da saúde, o crescimento da população e o desenvolvimento crescente das indústrias e da agricultura, enfrenta uma diminuição dos recursos renováveis e, por conseguinte, a utilização óptima dos recursos hídricos é o desafio mais importante no Irão, um dos países mais secos do mundo. Enquanto infra-estruturas, as redes de abastecimento de água desempenham um papel importante na vida dos cidadãos e na prestação de serviços urbanos, pelo que a sua eficiência adequada é muito importante. Um dos problemas mais importantes para o bom funcionamento destas redes é a gestão das fugas e a rápida reparação dos componentes da rede, que se vão desgastando gradualmente e que, devido ao aumento da rutura de tubagens e das fugas em pontos de alta pressão, aumentam as perdas de água nas mesmas. Para além do desperdício de água e da insatisfação dos consumidores, esta questão causa muitos problemas, nomeadamente a perturbação do equilíbrio da rede de abastecimento de água e a possibilidade de surgirem problemas noutras partes da mesma, a perturbação do tráfego e os enormes custos de substituição das condutas danificadas. A rede investigada é uma parte da rede de abastecimento de água de Teerão, que é simulada com o software WaterGEMS utilizando os dados necessários, como o nível de altura e o caudal de saída dos nós, as especificações das condutas e dos tanques, a localização das válvulas de descompressão, etc., e o efeito da localização atual. As válvulas de descompressão foram verificadas quanto à distribuição da pressão na rede e foram identificados os pontos onde existe uma elevada probabilidade de falha da tubagem ou de fuga devido a pressão excessiva (pontos críticos). Depois, alterando a posição de algumas válvulas de descompressão ou instalando novas válvulas de descompressão, é apresentado um novo método para melhorar a distribuição da pressão na rede e a disposição proposta é comparada com a disposição atual. Entre as questões que ameaçam as organizações atualmente, destaca-se o platô de carreira e os seus efeitos na organização e nos recursos humanos. O conceito de platô de carreira tem sido discutido há muito tempo na literatura sobre carreira. Uma das principais infra-estruturas de governação no sector energético é a correcta gestão dos recursos hídricos, o que exige estudos interdisciplinares. Neste estudo, que foi compilado de forma descritivo-analítica a partir de vários documentos nacionais-internacionais, foi analisado o desenvolvimento de unidades de dessalinização como uma das soluções puramente técnicas na gestão dos recursos hídricos, tendo sido demonstrado que 1 soluções técnicas responsivas Não se trata de questões de água e energia, devendo-se apostar em soluções baseadas em estudos interdisciplinares, incluindo histórico-identitário-tradicional-económico-social, etc., e procurar resolver os problemas fora das soluções puramente de engenharia, podendo este modelo estar em consonância com políticas e programas. Os planos de longo prazo devem ser uma solução para apoiar as decisões dos gestores na gestão dos recursos hídricos e energéticos. Atualmente, o aumento da população e o desenvolvimento das indústrias em todos os países do mundo criaram um problema muito importante e complexo para o abastecimento de água das cidades, que só pode ser resolvido com a ajuda de especialistas e técnicos experientes. Existem várias opções para a conceção da rede de água de cada cidade. A utilização de métodos de tomada de decisão multicritério na priorização das opções tem conduzido a um processo de tomada de decisão correto e à escolha da melhor opção de entre um conjunto de opções. Nos últimos anos, tem sido dada atenção à utilização de chillers de absorção para fins de ar condicionado devido ao menor consumo de energia. Considerando que os chillers de absorção necessitam de muito menos energia em comparação com outros dispositivos comuns na indústria do ar condicionado. Foram iniciados esforços consideráveis para a modelação, conceção e otimização destes sistemas. O processo de destilação do vapor de saída da turbina em condensadores de spray de contacto direto do tipo sistema Heller, à escala da central eléctrica, inclui o spray de água de arrefecimento das torres de arrefecimento para o condensador, em contacto com o vapor para o destilar e melhorar a sua qualidade. Com base na investigação existente, os parâmetros que afectam o desempenho térmico, o coeficiente de transferência de calor e o calor devolvido nestes permutadores incluem: turbulência e turbulência no vapor e no jato pulverizado, distância percorrida pela gota, ângulo, bocal de pulverização, direção de pulverização perpendicular à direção do movimento do vapor e a utilização de bicos com pulverização plana. E os efeitos inversos na eficiência térmica incluem: gases não destiláveis, diâmetro do bocal, comprimento adimensional do bocal, bem como o diâmetro médio das gotas, o diâmetro do bocal, a tensão de cisalhamento superficial e a pressão de pulverização. O fluxo entre as pás da turbina pode ser considerado semelhante ao do interior de um navio. Um dos desafios mais importantes na implementação de um projeto é a gestão da segurança, que o gestor do projeto deve considerar no seu planeamento. A gestão da segurança num projeto permite aos gestores de projeto utilizar ferramentas e técnicas para reduzir os riscos de acidentes no processo de execução dos trabalhos. Atualmente, a quantidade de retirada de água subterrânea é superior à quantidade de alimentação de água subterrânea, o que provoca uma queda acentuada do nível dos lençóis freáticos subterrâneos. Os prados e as florestas são considerados como os principais locais de alimentação dos lençóis freáticos subterrâneos, enquanto a maior parte destes recursos é colhida para uso agrícola. A atividade agrícola é um dos principais eixos de crescimento e desenvolvimento e faz parte do processo de desenvolvimento rural. Tem sido a garantia da vida económica de muitas aldeias do país, que nos últimos anos tem sido afetada pela crise de escassez de água e pelas limitações de outros recursos de produção, e tem feito com que a estabilidade e a vida dos assentamentos rurais enfrentem sérios desafios. A corrosão química é um dos factores que destroem os aços inoxidáveis. A dureza da água é um dos principais factores de destruição e corrosão das tubagens nas zonas de poeiras de soldadura. Um dos problemas que têm surgido para as sociedades humanas, na sequência do desenvolvimento das unidades industriais, é o problema da poluição ambiental, nomeadamente a contaminação das fontes de água subterrâneas sob a influência dos esgotos dessas unidades. Os rios, que são uma das principais fontes de abastecimento de água potável, industrial e agrícola, tornaram-se um dos centros críticos de poluição ambiental na era atual. A gestão optimizada dos recursos hídricos, bem como a manutenção e melhoria da sua qualidade, requer a existência de dados sobre a localização, quantidade e distribuição dos factores químicos da água numa determinada área geográfica. A seleção e a precisão dos métodos de zonagem adequados e a preparação de um mapa das alterações das características qualitativas das águas subterrâneas dependem das condições da região e da existência de estatísticas e dados suficientes, e a sua seleção correcta é um passo fundamental e importante na gestão dos recursos hídricos da região. Semelhante ao escoamento pluvial para uma bacia hidrográfica sem estatísticas, oferece a possibilidade de estimar a descarga de pico e o volume de inundação e simular o perfil de água da inundação para a bacia hidrográfica desejada. Em regiões áridas e semi-áridas como o nosso país, o principal fator de consumo de recursos hídricos é a evaporação-transpiração. Por conseguinte, o conhecimento das suas alterações e de outros parâmetros climáticos desempenha um papel eficaz no planeamento, desenvolvimento e gestão dos recursos hídricos. Nesta investigação, investigou-se a tendência das alterações a longo prazo da evaporação-transpiração das plantas de referência, da temperatura média e da precipitação numa escala mensal. Um dos objectivos da hidrologia é fornecer água com características e critérios de qualidade adequados para os sectores da água potável, da agricultura e da indústria. Neste sentido, a corrosividade e a sedimentação da água é um dos seus problemas de qualidade que tem um grande impacto na rede de distribuição. Devido à elevada concentração de iões cloreto, cálcio, magnésio e sódio, a água do mar do Golfo Pérsico tem elevada alcalinidade, condutividade e salinidade e, na central eléctrica de Bandar Abbas, esta água é utilizada para fornecer água para o ciclo de arrefecimento. O exame e a avaliação dos testes microbianos mostram concentrações elevadas de todos os tipos de espécies microbianas, cuja principal razão é o fluoreto, os iões sulfato e a elevada concentração de sedimentos. Para além de reduzir o consumo de vários recursos, como a água, a energia e a madeira, a reciclagem de papel está a aumentar constantemente devido à menor poluição em diferentes países. Um dos principais pontos fracos da pasta de papel cartão antigo são as suas características de resistência, o que limita a sua utilização em vários sectores da indústria de embalagens. A modificação da superfície e do revestimento é um dos métodos eficazes para aumentar o desempenho e a vida útil das estruturas de madeira. Uma variedade de técnicas super-hidrofóbicas com um ângulo de contacto superior a 150 graus e um ângulo de deslizamento inferior a 10 graus, para além de criarem uma hidrofobicidade muito elevada, melhoram também a natureza antimicrobiana e outras propriedades da superfície do substrato. Os materiais de fluoreto e as nanopartículas são os materiais mais comuns neste domínio. No entanto, a resistência aos danos mecânicos, à humidade e às questões ambientais é muito importante no que respeita às superfícies super-hidrofóbicas. As ceras naturais são um dos materiais mais eficientes e saudáveis para a criação de um revestimento super-hidrofóbico duradouro com elevada biocompatibilidade. Nesta investigação, a nano-sílica modificada com materiais alquílicos não fluorados foi utilizada na presença de resina epóxi para criar superfícies super-hidrofóbicas em madeira de bétula (Betula pendula). Além disso, a cera vegetal da palmeira carnaba foi utilizada para aumentar a auto-limpeza e a estabilidade do ângulo de contacto em condições de danos mecânicos, humidade e ambientes destrutivos. A modelação da temperatura da superfície da água do lago pode ajudar a melhorar a simulação da componente de evaporação. Nos canais de áudio subaquáticos, devido à limitação da largura de banda, à expansão do longo atraso provocado pela baixa velocidade de propagação das ondas sonoras, e também devido às mudanças extremas de tempo, a criação de uma comunicação estável e eficiente tem estado sempre associada a obstáculos. Por conseguinte, é comum a utilização de sistemas de portadoras múltiplas ortogonais multi-input-multi-output, mas o desafio é que, devido à utilização de um prefixo rotativo de comprimento longo para canais subaquáticos, o ganho de largura de banda e a taxa de transmissão de dados são muito reduzidos. A irrigação suplementar de jardins de figueiras na margem do lago Bakhtegan em Estehban é feita com água salgada. A recolha de água da chuva é uma opção adequada para armazenar o escoamento superficial para aplicações posteriores durante períodos com acesso limitado à água. O passo mais importante na aplicação de sistemas de recolha de águas pluviais é a localização de áreas adequadas. Assim, ao identificar locais adequados para este fim, poupa-se tempo e dinheiro. A evaporação é uma das principais causas do desperdício de água e da pressão sobre as fontes de água, pelo que é importante tentar reduzir a sua quantidade em diferentes condições, bem como fornecer soluções práticas e investigar o impacto destes métodos na qualidade da água. O Irão está localizado na faixa seca da Terra e a precipitação média é um terço da média global, pelo que é necessária uma gestão adequada dos recursos hídricos, especialmente no sector agrícola. A falta de água é considerada o maior problema básico da província de Hamadan. Entretanto, o sector agrícola está mais exposto a danos do que outros sectores económicos devido à sua elevada percentagem no consumo de água. A aplicação de políticas e instrumentos adequados para equilibrar a oferta e a procura de água é do interesse dos políticos. O sector agrícola é o maior consumidor de água doce do mundo. Por conseguinte, encontrar uma alternativa adequada para a água doce utilizada na agricultura pode resolver os problemas relacionados com a crise da água no futuro. A aplicação de água salgada utilizando soluções adequadas pode ser uma opção para a irrigação de plantas tolerantes ao sal. Uma dessas soluções pode ser a magnetização da água de irrigação. Um dos problemas básicos das regiões áridas e semi-áridas do país é a falta de água para irrigação de culturas agrícolas e outras utilizações. A província do Sistão e do Baluchistão é uma das regiões áridas e semi-áridas do país, que enfrenta o problema da escassez de água. O crescimento excessivo da indústria da aquicultura perturba o equilíbrio biótico e abiótico da água através da descarga de águas residuais, e os indicadores de qualidade da água oferecem a possibilidade de uma melhor gestão da poluição e de uma monitorização biológica orientada. O aumento da população tornou necessária uma utilização óptima dos recursos hídricos, especialmente no sector agrícola. O sistema de absorção da utilização direta do gás municipal como fonte de calor tem recebido especial atenção dos investigadores e industriais desde o início dos anos 70. Foi investigada a relação entre a utilização do método de irrigação reduzida e a seleção do padrão ótimo de produtos agrícolas. Este método tem sido amplamente utilizado, especialmente em áreas com escassez de água. A água e o azoto são dois factores importantes que limitam o crescimento e o rendimento dos produtos agrícolas. Embora o azoto seja um dos elementos nutricionais essenciais das plantas, o resultado da utilização excessiva de fertilizantes contendo compostos de azoto, a fim de produzir mais produtos agrícolas, tem causado poluição ambiental nas últimas décadas. A utilização da estatística na investigação científica tem vindo a desenvolver-se cada vez mais. O fenómeno da seca durante o seu período de ocorrência afecta os recursos hídricos subterrâneos, o que, infelizmente, tem recebido menos atenção. O efeito das alterações da precipitação no nível das águas subterrâneas foi investigado através da análise da relação entre a precipitação mensal registada no passado e os níveis de água nos poços de observação da planície de Shiraz. Embora a cloração da água seja um método bem sucedido e comum em todo o mundo, especialmente nos países em desenvolvimento. O desenvolvimento é para a desinfeção da água, mas a cloração pode causar pequenas quantidades de subprodutos como os trihalometanos. Considerando os efeitos adversos dos trihalometanos, a identificação e medição destes compostos na água é importante do ponto de vista da saúde e das questões ambientais. Os coeficientes de armazenamento e transferência de água são muito importantes do ponto de vista do estudo dos aquíferos para determinar os melhores pontos para a perfuração de poços e a exploração de água subterrânea. A estimativa destes coeficientes é geralmente efectuada através do teste de descarga de poços, mas muitas vezes não existem poços suficientes que sejam adequados para testes de descarga ou não é prático realizar testes de descarga em todos os poços. É muito importante examinar o processo de alteração da qualidade das águas subterrâneas e a gestão sustentável dos recursos hídricos nas planícies. Tendo em conta a importância de conhecer o estado da qualidade das águas subterrâneas e a natureza morosa e dispendiosa da medição dos parâmetros qualitativos destes recursos, parece necessário utilizar estimadores convencionais e encontrar um método para estimar um parâmetro utilizando outros parâmetros, cuja recolha é menos dispendiosa. Um dos fenómenos hídricos mais importantes nos cursos de água de ribeiras abertas é o salpico de água, que tem sido amplamente investigado. Quando o estado do escoamento muda de supercrítico para subcrítico, a uma curta distância do escoamento, o nível da água aumenta, e este aumento é acompanhado pela formação de remoinhos turbulentos. Este fenómeno é designado por salto azul-azul. No desenvolvimento sustentável dos sistemas urbanos de água, não só se deve ter em atenção os vários aspectos económicos, sociais, ambientais e técnicos, mas também as preferências e prioridades de todos os grupos interessados e interessados, incluindo consumidores, prestadores de serviços e outras organizações envolvidas. também considerado A complexidade e multiplicidade de variáveis que existem no problema da tomada de decisão para o desenvolvimento de sistemas urbanos de água, a necessidade de utilizar métodos sistemáticos e eficientes, que possam, além de considerar todos os aspectos da tomada de decisão, as incertezas e ambiguidades nas variáveis A decisão também é considerada, especifica. Um dos fenómenos hídricos mais importantes nos cursos de água a céu aberto é o salpico de água, que tem sido amplamente investigado. Quando o estado do escoamento muda de supercrítico para subcrítico, a uma curta distância do escoamento, o nível da água aumenta, e este aumento é acompanhado pela formação de remoinhos turbulentos. Este fenómeno é designado por salto azul-azul. No desenvolvimento sustentável dos sistemas urbanos de água, não só se deve ter em atenção os vários aspectos económicos, sociais, ambientais e técnicos, mas também as preferências e prioridades de todos os grupos interessados e interessados, incluindo consumidores, prestadores de serviços e outras organizações envolvidas. também considerado A complexidade e multiplicidade de variáveis que existem no problema da tomada de decisão para o desenvolvimento de sistemas urbanos de água, a necessidade de utilizar métodos sistemáticos e eficientes, que podem, além de considerar todos os aspectos da tomada de decisão, as incertezas e ambiguidades nas variáveis A decisão também é considerada, especifica. Os métodos de decisão multicritério de grupo difuso (FGDM) são um grupo de ferramentas de análise sistemática que têm sido amplamente utilizados na resolução de problemas de planeamento e gestão de recursos hídricos e ambientais. Um dos factores que ameaçam sempre as pontes é a erosão local. O grande número de parâmetros que influenciam o fenómeno da erosão e também a complexidade do processo de erosão tornaram a investigação deste fenómeno muito difícil. Apesar dos muitos esforços feitos neste domínio e da multiplicidade de relações empíricas existentes, não existe uma relação geral e abrangente para estimar a profundidade do furo de erosão em todas as condições. Atualmente, é interessante a utilização de métodos modernos de extração de dados, sistemas inteligentes e software de árvore M5 para resolver e simular os problemas complexos da engenharia hidráulica. Os sistemas de captação de água em redes de irrigação e drenagem estão sempre a enfrentar o problema de que, nas épocas de escassez de água, com a redução do nível da água, não é possível retirar água das tomadas de água com a capacidade máxima. É muito importante a realização de projetos de mineração de processos para observar como os processos de trabalho são realizados dentro da organização. E ajuda na tomada de decisões dos gestores de topo da organização. A contaminação das águas subterrâneas com nitratos é um problema generalizado no Irão e em todo o mundo. A poluição por nitratos das águas subterrâneas relacionada com as actividades agrícolas é um dos problemas ambientais importantes na gestão destes recursos naturais, pelo que este poluente é o mais comum das águas subterrâneas. A determinação da sua concentração e alterações espaciais pode ser útil na exploração e gestão dos recursos hídricos. A seca hidrológica está relacionada com os efeitos dos períodos de falta de precipitação (incluindo chuva, neve, etc.) nas fontes de água superficiais e subsuperficiais (caudal dos rios, nível dos lagos, reservatórios de água e águas subterrâneas). A frequência e a gravidade da seca hidrológica são frequentemente definidas à escala da bacia hidrográfica e da bacia hidrográfica. Foram introduzidos vários indicadores e métodos para descrever a seca hidrológica. Nesta revisão, foi utilizada uma metodologia para descrever a gravidade das secas hidrológicas, designada por índice de seca do caudal do rio. A avaliação da possibilidade de previsão de secas hidrológicas foi efectuada de duas formas. O primeiro método baseia-se no pressuposto da disponibilidade de dados reais do caudal do rio e o outro método baseia-se no pressuposto da indisponibilidade de dados reais do caudal do rio e com a possibilidade de utilizar a variável meteorológica (precipitação). Na primeira metodologia é utilizada a cadeia de Markov e na outra metodologia é utilizado o desenvolvimento de uma função linear da variável meteorológica de seca para prever a variável hidrológica de seca. Atualmente, a maioria das regiões do mundo enfrenta escassez de água e graves problemas ambientais causados pelas actividades agrícolas, pelo que existe uma forte competição pelos escassos recursos hídricos, especialmente nas regiões áridas e semi-áridas. Por conseguinte, a gestão dos recursos hídricos deixou de ser uma questão secundária e passou a ser uma questão importante. Por conseguinte, a investigação do comportamento dos agricultores em relação aos recursos hídricos reveste-se de uma importância considerável. O estabelecimento do equilíbrio nos rios depende de vários factores e o equilíbrio estabelecido pode ser perturbado a qualquer momento e em qualquer altura. Um dos factores mais importantes é a construção de barragens nos rios. É inevitável prestar uma atenção séria à gestão da procura de água para fins agrícolas devido à crescente procura de água. A gestão da procura de água inclui actividades que podem reduzir a procura de água, aumentar a eficiência do consumo de água e prevenir a contaminação ou o acesso aos recursos hídricos. Nos estudos sobre recursos hídricos, foram aprovadas várias leis, mas algumas delas nunca foram implementadas. O sector agrícola é o maior consumidor de água no mundo e no Irão. Uma vez que o Irão é um país com recursos hídricos limitados, é necessário planear a gestão óptima dos recursos hídricos. Considerando que qualquer planeamento não será bem sucedido sem a participação dos agricultores. Uma das estruturas depreciadoras do caudal é a lagoa calma, que é construída a jusante dos transbordos. O local de ocorrência das flutuações máximas de pressão causadas pelo impacto da água no fundo da lagoa e o efeito de vários factores na quantidade e local de ocorrência são importantes. Até à data, foi efectuada uma extensa investigação laboratorial e poucas investigações numéricas neste domínio. Hoje em dia, satisfazer as necessidades de água para várias utilizações em muitas partes do mundo, especialmente no Irão, é um dos desafios mais fundamentais que os planificadores enfrentam. Com base nisto, o abastecimento de água a partir de diferentes locais e a implementação de diferentes opções é uma das soluções actuais para resolver este desafio, juntamente com a gestão não-estrutural, e tem atribuído uma grande quantidade de créditos e orçamentos nacionais. A descoberta de recursos hídricos subterrâneos como uma das formas de abastecimento de água potável no mundo é algo necessário e inevitável, tendo em conta a crescente necessidade de água no mundo. Os recursos hídricos subterrâneos desempenham um papel importante no desenvolvimento e na sustentabilidade de um território. Por conseguinte, em zonas onde o acesso aos recursos hídricos superficiais é limitado e a precipitação é baixa e irregular, a gestão quantitativa e qualitativa dos recursos hídricos subterrâneos é parte integrante dos princípios do desenvolvimento sustentável. Entretanto, um dos principais pilares da gestão dos recursos hídricos é a avaliação das características de qualidade desses recursos. O desempenho das redes de irrigação e de drenagem no país não é favorável e é necessário determinar e resolver os problemas destas redes através de investigações exaustivas. Devido ao rápido crescimento da urbanização e à limitação dos recursos hídricos, a necessidade de uma gestão eficaz do programa Um dos métodos rentáveis e de rápido rendimento para a deteção de zonas cársicas contendo água em áreas calcárias é o método geoeléctrico. A geoelectricidade é uma das operações de campo da geofísica, que é concebida com base na transmissão de corrente eléctrica no solo, criando uma diferença de potencial entre dois pontos e calculando a resistência específica de diferentes profundidades do solo. Neste método, os estudos exploratórios são realizados com base no padrão relacionado com a resistência de diferentes tipos de solo, pedra, bem como os valores de resistência eléctrica de materiais como a água, buracos, etc. Os recursos hídricos subterrâneos são considerados um dos recursos naturais mais valiosos; por isso, nos últimos anos, a modelação das águas subterrâneas tem sido proposta como uma ferramenta poderosa nas discussões de gestão, otimização do consumo e previsão dos recursos hídricos subterrâneos. Nas últimas décadas, os recursos hídricos têm estado sob forte pressão devido ao aumento da procura e às diferentes utilizações, e a utilização da água por uma parte dos utilizadores afecta a possibilidade de utilização de outra parte. Por conseguinte, a gestão e a afetação óptima dos recursos hídricos têm vindo a assumir uma importância crescente entre os decisores políticos e os agricultores. Sem dúvida, um dos instrumentos mais importantes para a afetação óptima dos recursos hídricos é a avaliação económica desta instituição, que também é realçada na estratégia de desenvolvimento a longo prazo do país. A gestão dos recursos hídricos em zonas secas é de grande importância. Uma vez que nestas zonas a maior parte das despesas são direccionadas para os recursos hídricos subterrâneos, é necessário conhecer o estado quantitativo e qualitativo destes recursos. Os resultados dos modelos de circulação geral são uma ferramenta útil para prever alterações nas variáveis climáticas. A utilização de capacidades de deteção remota e de sistemas de informação espacial na preparação de mapas temáticos e na sua combinação sob a forma de mapas de zonamento é uma das ferramentas importantes na avaliação do potencial de alimentação das águas subterrâneas. Neste estudo, foram utilizados mapas temáticos que utilizam os factores que afectam a capacidade de alimentação, tais como factores hidrológicos, como a descarga das nascentes, estruturais do terreno, como as juntas e fracturas, litológicos, como o tipo de formações, de elevação e de altitude, como o declive da superfície do terreno e o perfil de humidade de baixa e alta altitude, climáticos, como a precipitação, a temperatura e a vegetação, na preparação do mapa do potencial de alimentação das águas subterrâneas. Para este efeito, foram preparados mapas temáticos utilizando dados digitais de deteção remota. Depois, utilizando o método de referenciação, comparação de pares e aplicando a opinião de peritos, que foi feita com visitas de campo em algumas partes da região, as células de cada mapa e, subsequentemente, todo o mapa, foram valorizadas de acordo com o efeito que têm na capacidade de alimentação. Após a valorização de cada um dos mapas temáticos elaborados, utilizando o método da sobreposição, foi elaborado o mapa final do potencial de nutrição das águas subterrâneas. A localização das nascentes na área foi utilizada para verificar a exatidão relativa do mapa de potencial de alimentação. A maioria das bacias hidrográficas das grandes nascentes está localizada em áreas com elevada capacidade de nutrição, o que indica a elevada precisão relativa do mapa temático da capacidade de nutrição para a área estudada. O aumento do volume de água do rio que entra na represa em épocas de águas altas causa poluição por lama nas partes da água que entram na represa. O efeito das águas límpidas e turvas na proporção de perifítones, que desempenham um papel importante na alimentação dos animais aquáticos e também na purificação da água poluída, é de particular importância, de modo que são mais abundantes em águas límpidas do que em águas turvas. A construção de uma central eléctrica nas linhas de transmissão de água, utilizando o excesso de pressão existente e substituindo a bomba por uma turbina (PAT) em vez de uma válvula de alívio de pressão, devido aos efeitos positivos como a energia hidroelétrica renovável, a distribuição adequada das linhas de transmissão de água em diferentes áreas e a construção a curto prazo, foi tida em consideração. Por outro lado, há vários factores envolvidos na definição de prioridades para a construção de centrais eléctricas em linhas de transporte de água, que requerem métodos de decisão multicritério.

Referências

Abdallah, A.M., Rheinheimer, D.E., Rosenberg, D.E., Knox, S., Harou, J.J., 2022. Um ecossistema de software interoperável para armazenar, visualizar e publicar dados de modelação de sistemas de recursos hídricos. Environ. Model. Software 151, 105371. https://doi.org/10.1016/j.envsoft.2022.105371.https://www.sciencedirect.com/science/article/pii/S1364815222000779.

Abualqumboz, M., Tarboton, D.G., 2022. Delineação de bacias hidrográficas utilizando o ModelMyWatershed. HydroShare. https://www.hydroshare.org/resource/48dc883 d6eaa43a4abef01e0b9e6ce51/.

Ahmad, R., Choi, Y.D., Goodall, J.L., Tarboton, D., Nassar, A., Malik, T., 2023. Melhorando a reprodutibilidade de modelos de geociências com Sciunit. Em: Ma, X., Mookerjee, M., Hsu, L., Hills, D. (Eds.), Avanço recente em geoinformática e ciência de dados. Geological Society of America, p. 0. https://doi.org/10.1130/2022.2558(07).

Alcantara, M.A.S., Kesler, C., Stealey, M.J., Nelson, E.J., Ames, D.P., Jones, N.L., 2018. Ciberinfraestrutura e aplicativos da web para gerenciar e disseminar o modelo nacional de água. JAWRA Journal of the American Water Resources Association 54, 859-871. https://doi.org/10.1111/1752-1688.12608. https://onlinelibrary.wiley. com/doi/abs/10.1111/1752-1688.12608.

Ames, D.P., Horsburgh, J.S., Cao, Y., Kadlec, J., Whiteaker, T., Valentine, D., 2012. HydroDesktop: software baseado em serviços web para descoberta, download, visualização e análise de dados hidrológicos. Environ. Model. Software 37, 146–156.

https://doi.org/10.1016/j.envsoft.2012.03.013.http://www.sciencedirect.com/scie
nce/article/pii/S1364815212001053.

Ames, D.P., Hunter, J., 2021. Modelo Nacional da Água HydroLearn Python
Notebooks.
HydroShare.https://doi.org/10.4211/hs.5949aec47b484e689573beeb004a2917.ht
tp://www.hydroshare.org/resource/5949aec47b484e689573beeb004a2917.

Ames, D.P., Li, Z., Qiao, X., Tarboton, D.G., Idaszak, R., Horsburgh, J.S.,
Merwade, V., Miles, B., Swain, N.R., Lineberger, R., Rice, E., 2015.
Visualização e análise de dados baseada na Web usando HydroShare e a
plataforma de código aberto Tethys, vol. 43. Resumos da Reunião de outono da
AGU, pp. H43A-H1473. Disponível em: http://adsabs.harvard.edu/
abs/2015AGUFM.H43A1473A.

Attallah, N., Bastidas Pacheco, C.J., 2023. Dados e ferramentas de apoio para
"An OpenSource, Semi-supervised Water End Use Disaggregation and
Classification   Tool."
https://doi.org/10.4211/hs.3143b3b1bdff48e0aaebcb4aedf02feb.HydroShare.http
://www.hydroshare.org/resource/3143b3b1bdff48e0aaebcb4aedf02feb.

Bales, J., 2022. Relatório de experiência do utilizador do HydroShare.
Disponível   em: https://www.hydrosha
re.org/resource/7f40983179ea4df2b4499d9b9cacd80d/.

Bandaragoda, C., Castronova, A., Istanbulluoglu, E., Strauch, R., Nudurupati,
S.S., Phuong, J., Adams, J.M., Gasparini, N.M., Barnhart, K., Hutton, E.W.H.,
Hobley, D.E. J., Lyons, N.J., Tucker, G.E., Tarboton, D.G., Idaszak, R., Wang,
S., 2019. Permitindo a modelagem numérica colaborativa em ciências da terra

usando a infraestrutura de conhecimento. Environ. Model. Software 120, 104424.https://doi.org/10.1016/j.envsoft.2019.03.020. https://www.sciencedirect.com/science/article/pii/S1364815 219301562.

Bandaragoda, C., Tarboton, D., Maidment, D., 2006. Hydrology's efforts towards the cyberfrontier. Eos, Transactions American Geophysical Union 87, 2-6. https://doi. org/10.1029/2006EO010005. https://onlinelibrary.wiley.com/doi/abs/10.10 29/2006EO010005.

Barton, C.M., Alberti, M., Ames, D., Atkinson, J.-A., Bales, J., Burke, E., Chen, M., Diallo, S.Y., Earn, D.J., Fath, B., outros, 2020. Apelo à transparência dos modelos COVID-19. Science 368, 482-483.

Barton, C.M., Ames, D., Chen, M., Frank, K., Jagers, H.R.A., Lee, A., Reis, S., Swantek, L., 2022. Tornar a modelação e o software FAIR. Environ. Model. Software 156, 105496. https://doi.org/10.1016/j.envsoft.2022.105496.https://www.sciencedirect.com/ science/article/pii/S1364815222001992.

Bayles, M., 2016. Visualizador de séries de dados. https://www.hydroshare.org/resource/d5ac4340c 7ff454f9c57dce43da2d625/.

Boldrini, E., Mazzetti, P., Nativi, S., Santoro, M., Papeschi, F., Roncella, R., Olivieri, M., Bordini, F., Pecora, S., 2020. Corretor do Sistema de Observação Hidrológica da OMM (WHOS): progresso e resultados da implementação. In: Resumos da Conferência da Assembleia Geral da EGU, 14755.

Boyko, A., Kunze, J., Littman, J., Madden, L., Vargas, B., 2012. O formato de embalagem de ficheiros BagIt (V0.97). Disponível em: https://www.digitalpreservation.gov/documents/bagi tspec.pdf.

Choi, Y.-D., Goodall, J.L., Sadler, J.M., Castronova, A.M., Bennett, A., Li, Z., Nijssen, B., Wang, S., Clark, M.P., Ames, D.P., Horsburgh, J.S., Yi, H., Bandaragoda, C., Seul, M., Hooper, R., Tarboton, D.G., 2021. Rumo a uma modelação ambiental aberta e reprodutível através da integração de repositórios de dados em linha, ambientes computacionais e Interfaces de Programação de Aplicações de modelos.Environ.Model.Software135,104888. https://doi.org/10.1016/j.envsoft.2020.104888.https://www.sciencedirect.com/ science/article/pii/S1364815220309452.

Choi, Y.-D., Roy, B., Nguyen, J., Ahmad, R., Maghami, I., Nassar, A., Li, Z., Castronova, A. M., Malik, T., Wang, S., Goodall, J.L., 2023. Comparação de abordagens baseadas em contentores para modelação computacional reprodutível de sistemas ambientais. Environ. Model. Software 167, 105760.https://doi.org/10.1016/j.envsoft.2023.105760. https://www.sciencedirect.com/science/article/pii/ S1364815223001469.

Chuah, J., Deeds, M., Malik, T., Choi, Y., Goodall, J.L., 2020. Documentando ambientes de computação para experimentos reproduzíveis. Em: Computação Paralela: Tendências tecnológicas. IOS Press, pp. 756-765. https://doi.org/10.3233/APC200106.   https://eboo ks.iospress.nl/doi/10.3233/APC200106.

Clark, M.P., Nijssen, B., Lundquist, J.D., Kavetski, D., Rupp, D.E., Woods, R.A., Freer, J. E., Gutmann, E.D., Wood, A.W., Gochis, D.J., Rasmussen, R.M.,

Tarboton, D.G., Mahat, V., Flerchinger, G.N., Marks, D.G., 2015. Uma abordagem unificada para modelagem hidrológica baseada em processos: 2. Implementação de modelos e estudos de caso. Water Resour. Res. 51, 2515–2542. https://doi.org/10.1002/2015WR017200.https://a gupubs.onlinelibrary.wiley.com/doi/abs/10.1002/2015WR017200.

Conner, L.G., Ames, D.P., Gill, R.A., 2013. HydroServer Lite como uma solução de código aberto para arquivar e partilhar dados ambientais para laboratórios universitários independentes. Ecol. Inf. 18, 171–177.https://doi.org/10.1016/j.ecoinf.2013.08.006.http://www.scienc edirect.com/science/article/pii/S1574954113000770.

Crawley, S., Ames, D., Li, Z., Tarboton, D., 2017. HydroShare GIS: visualização de dados espaciais na nuvem. Revista de água aberta 4. https://scholarsarchive.byu.edu/openwater/vo l4/iss1/2. Cuahsi, 2021. CUAHSI HydroClient [Documento WWW]. CUAHSI HydroClient. URL. http s://data.cuahsi.org. https://data.cuahsi.org, 3.16.21.

Dafoe, A., 2014. A Ciência Merece Melhor: o Imperativo de Partilhar Ficheiros de Replicação Completos. Social Science Research Network, Rochester, NY. https://doi.org/10.2139/ ssrn.2318223 (SSRN Scholarly Paper No. ID 2318223). https://papers.ssrn.com/ abstract=2318223.

Essawy, B.T., Goodall, J.L., Voce, D., Morsy, M.M., Sadler, J.M., Choi, Y.D., Tarboton, D. G., Malik, T., 2020. Uma taxonomia para investigação reprodutível e replicável em modelação ambiental. Environ. Model. Software 134, 104753. https://doi.org/

10.1016/j.envsoft.2020.104753.https://linkinghub.elsevier.com/retrieve/pii /S1364815219311612.

Essawy, B.T., Goodall, J.L., Zell, W., Voce, D., Morsy, M.M., Sadler, J., Yuan, Z., Malik, T., 2018. Integração de ciberinfraestruturas científicas para melhorar a reprodutibilidade em hidrologia computacional: exemplo para HydroShare e GeoTrust. Environ. Model. Software 105, 217-229. https://doi.org/10.1016/j.envsoft.2018.03.025. https://www.sciencedirect.com/science/article/pii/S1364815 217307880.

Forcier, J., Bissex, P., Chun, W.J., 2008. Python Web Development with Django. Addison-Wesley Professional. Gan, T., 2023. Exemplo de modelo PyMT e componentes de dados | CUAHSI HydroShare. HydroShare. Disponível em: https://www.hydroshare.org/resource/ae3802d0467549 7b8788e079d58c3cc2/.

Gan, T., Tarboton, D.G., Dash, P., Gichamo, T.Z., Horsburgh, J.S., 2020a. Integração de serviços Web de modelação hidrológica com partilha de dados online para preparar, armazenar e executar modelos hidrológicos. Environ. Model. Software 130, 104731. https://doi.org/ 10.1016/j.envsoft.2020.104731.https://linkinghub.elsevier.com/retrieve/pii /S1364815219311661.

Gan, T., Tarboton, D.G., Horsburgh, J.S., Dash, P., Idaszak, R., Yi, H., 2020b. Partilha colaborativa de dados espaço-temporais multidimensionais num sistema de informação hidrológica da próxima geração. Environ. Model. Software 129, 104706. https://doi. org/10.1016/j.envsoft.2020.104706. http://www.sciencedirect.com/science/artic le/pii/S1364815219308977.

Garousi-Nejad, I., Tarboton, D.G., 2022. Cadernos para combinar os resultados/inputs do Modelo Nacional da Água com observações do SNOTEL e MODIS nos sítios SNOTEL. Hydro. https://doi.org/10.4211/hs.493e0ad05c2d45199427cc41a6c76de0. http://www.hydroshare.org/resource/493e0ad05c2d45199427cc41a6c76de0.

Garousi-Nejad, I., Tarboton, D.G., Aboutalebi, M., Torres-Rua, A.F., 2019. Dados para aprimoramentos de análise de terreno para o método de mapeamento de inundação de inundação de altura acima da drenagem mais próxima. HydroShare. https://doi.org/10.4211/ hs.7235a0d6a18343078b2028085b7d8018. http://www.hydroshare.org/resource /7235a0d6a18343078b2028085b7d8018.

Grainger, T., Potter, T., 2014. Solr em ação [Documento WWW]. Servidor de documentos do CERN. URL. https://cds.cern.ch/record/2014609. https://cds.cern.ch/record/2014609, 3.23.21.

Hales, R.C., Nelson, E.J., Souffront, M., Gutierrez, A.L., Prudhomme, C., Kopp, S., Ames, D.P., Williams, G.P., Jones, N.L., 2022. Avanço da modelação hidrológica global com o serviço de caudal do ECMWF GEOGloWS. Journal of Flood Risk Management n/a, e12859. https://doi.org/10.1111/jfr3.12859. https://onlinelibrary.wiley.co m/doi/abs/10.1111/jfr3.12859.

Hobley, D.E.J., Adams, J.M., Nudurupati, S.S., Hutton, E.W.H., Gasparini, N.M., Istanbulluoglu, E., Tucker, G.E., 2017. Computação criativa com Landlab: um kit de ferramentas de código aberto para construir, acoplar e explorar modelos numéricos bidimensionais da dinâmica da superfície da Terra. Earth Surf. Dyn. 5, 21-46. https://doi.org/ 10.5194/esurf-5-21-2017. https://esurf.copernicus.org/articles/5/21/2017/.

Hooper, R.P., Seul, M., Pollak, J., Couch, A., 2015. Realizando o potencial do centro de dados de água CUAHSI para avançar nas ciências da terra. In: Resumos da Reunião de outono da AGU. Apresentado na American Geophysical Union, pp. H42A-03. http://adsabs.harvard. edu/abs/2015AGUFM.H42A..03H.

Horsburgh, J.S., Aufdenkampe, A.K., Mayorga, E., Lehnert, K.A., Hsu, L., Song, L., Jones, A.S., Damiano, S.G., Tarboton, D.G., Valentine, D., Zaslavsky, I., Whitenack, T., 2016a. Modelo de dados de observações 2: um modelo de informação da comunidade para observações da Terra espacialmente discretas. Environ. Model. Software 79, 55-74. https://doi.org/10.1016/j.envsoft.2016.01.010. https://www.sciencedirect.com/science/article/pii/S1364815216300093.

Horsburgh, J.S., Black, S.S., 2021. Exemplos de utilização da biblioteca cliente HydroShare Python (hsclient). HydroShare. http://www.hydroshare.org/resource/7561aa12fd824ebb8e dbee05af19b910.

Horsburgh, J.S., Hooper, R.P., Bales, J., Hedstrom, M., Imker, H.J., Lehnert, K.A., Shanley, L.A., Stall, S., 2020. Avaliar o estado da publicação de dados de investigação em hidrologia: uma perspetiva do Consórcio de Universidades para o avanço da ciência hidrológica, incorporado. WIREsWater7,e1422.https://doi.org/10.1002/wat2.1422. https://onlinelibrary.wiley.com/doi/abs/10.1002/wat2.1422.

Horsburgh, J.S., Morsy, M.M., Castronova, A.M., Goodall, J.L., Gan, T., Yi, H., Stealey, M. J., Tarboton, D.G., 2016b. HydroShare: partilha de diversos tipos de dados e modelos ambientais como objectos sociais com aplicação ao domínio da hidrologia. JAWRA Journal of the American Water Resources Association 52,

873-889. https://doi.org/ 10.1111/1752-1688.12363. https://onlinelibrary.wiley.com/doi/abs/10.1111 /1752-1688.12363.

Horsburgh, J.S., Tarboton, D.G., Hooper, R.P., Zaslavsky, I., 2014. Gestão de um vocabulário partilhado pela comunidade para observações hidrológicas. Environ. Model. Software 52, 62-73. https://doi.org/10.1016/j.envsoft.2013.10.012.https://www. sciencedirect.com/science/article/pii/S1364815213002557.

Horsburgh, J.S., Tarboton, D.G., Maidment, D.R., Zaslavsky, I., 2008. Um modelo relacional para dados ambientais e de recursos hídricos. Water Resour. Res. 44 https://doi.org/ 10.1029/2007WR006392.https://agupubs.onlinelibrary.wiley.com/doi/abs/10.10 29/2007WR006392.

Horsburgh, J.S., Tarboton, D.G., Schreuders, K.A.T., Maidment, D.R., Zaslavsky, I., Valentine, D., 2010. HydroServer: A Platform for Publishing Space-Time Hydrologic Datasets (Uma Plataforma para Publicação de Conjuntos de Dados Hidrológicos Espaço-Temporais). Associação Americana de Recursos Hídricos, Orlando, Flórida, EUA. Apresentado na AWRA 2010 Spring SpecialtyConference.https://www.researchgate.net/pu blication/239521091_HydroServer_A_Platform_for_Publishing_Space-Time_ Hydrologic_Datasets.

Hutton, C., Wagener, T., Freer, J., Han, D., Duffy, C., Arheimer, B., 2016. A maior parte da hidrologia computacional não é reproduzível, então é realmente ciência? Water Resour. Res. 52, 7548-7555.

https://doi.org/10.1002/2016WR019285.https://onlinel

ibrary.wiley.com/doi/abs/10.1002/2016WR019285.

Idaszak, R., Tarboton, D., Yi, H., Chrisopherson, L., Stealey, M., Miles, B., Dash, P., Couch, A., Spealman, C., Ames, D., Horsburgh, J., Goodall, J., 2016. HydroShare - um estudo de caso da aplicação da engenharia de software moderna a um grande projeto de desenvolvimento de software científico distribuído financiado pelo governo federal. In: Engenharia de Software para a Ciência. Chapman and Hall/CRC, Nova Iorque, NY, EUA, pp. 217-233. https://doi. org/10.1201/9781315368924.

Jones, N., Nelson, J., Swain, N., Christensen, S., Tarboton, D., Dash, P., 2014. Tethys: uma estrutura de software para modelagem baseada na web e aplicativos de suporte à decisão. Em: Ames, D.P., Quinn, N.W.T., Rizzoli, A.E. (Eds.), Apresentado nos Anais do 7º Congresso Internacional de Modelagem Ambiental e Software, International Environmental Modelling andSoftwareSociety(iEMSs).http://www.iemss.org/sites /iemss2014/papers/iemss2014_submission_184.pdf.

Kadlec, J., StClair, B., Ames, D.P., Gill, R.A., 2015. Pacote WaterML R para gerenciar dados de experimentos ecológicos em um CUAHSI HydroServer. Ecol. Inf. 28, 19-28. https:// doi.org/10.1016/j.ecoinf.2015.05.002.http://www.sciencedirect.com/science/ article/pii/S1574954115000801.

Khattar, R., Hales, R., Ames, D.P., Nelson, E.J., Jones, N., Williams, G., 2021. Tethys App Store: Simplificando a implantação de aplicativos da Web para a iniciativa internacional GEOGloWS, vol. 105227. Environmental Modelling &

Software. https://doi.org/
10.1016/j.envsoft.2021.105227.https://www.sciencedirect.com/science/article/
pii/S1364815221002693.

King, G., 2007. Uma introdução à rede Dataverse como infraestrutura para a
partilha de dados. Socio. Methods Res. 36, 173-199. https://doi.org/10.1177/
0049124107306660.

Knoben, W.J.M., Clark, M.P., Bales, J., Bennett, A., Gharari, S., Marsh, C.B.,
Nijssen, B., Pietroniro, A., Spiteri, R.J., Tang, G., Tarboton, D.G., Wood, A.W.,
2022. Fluxos de trabalho da comunidade para aumentar a reprodutibilidade na
modelagem hidrológica: separando as etapas de configuração específicas do
modelo e agnósticas do modelo em aplicações de modelos hidrológicos de
grande domínio. Water Resour. Res. 58, e2021WR031753 https://doi.org/
10.1029/2021WR031753. https://onlinelibrary.wiley.com/doi/abs/10.1029/2021
WR031753.

Korsun, J., 2016. 10 sites populares construídos com Django. Blogue Django
Stars. URL. htt ps://djangostars.com/blog/10-popular-sites-made-on-django/.
https://djangostars. com/blog/10-popular-sites-made-on-django/, 3.22.21.

Leff, A., Rayfield, J.T., 2001. Desenvolvimento de aplicações Web utilizando o
padrão de desenho Model/View/ Controller. In: Proceedings Fifth IEEE
International Enterprise Distributed Object Computing Conference. Apresentado
nos Proceedings Fifth IEEE International Enterprise
DistributedObjectComputingConference,pp.118-127.
https://doi.org/10.1109/EDOC.2001.950428.

Lightbody, A., Tamaddun, K., Graup, L., 2023. Modelagem da sensibilidade da bacia hidrográfica à seca | CUAHSI HydroShare. HydroShare. Disponível em: https://www.hydroshare. org/resource/011ad5f49dc44e0298651f32034b5c74/.

Lippold, K., 2019. Melhorar a interoperabilidade do HydroShare e das aplicações Web através de serviços de dados SIG e HIS integrados. Teses e dissertações. Disponível em: https://scholarsarchive.byu.edu/etd/7743.

Maghami, I., Van Beusekom, A., Hay, L., Li, Z., Bennett, A., Choi, Y., Nijssen, B., Wang, S., Tarboton, D., Goodall, J.L., 2023. Construindo ciberinfraestrutura para a reutilização e reprodutibilidade de estudos complexos de modelagem hidrológica. Environ. Model. Software 164, 105689. https://doi.org/10.1016/j.envsoft.2023.105689.https://www.sciencedirect.com/science/article/pii/S1364815223000750.

Maidment, D.R., 2008. Bringing water data together. J. Water Resour. Plann. Manag. 134, 95–96.https://doi.org/10.1061/(ASCE)0733-9496(2008)134:2(95).http://as celibrary.org/doi/10.1061/%28ASCE%290733-9496%282008%29134%3A2%289 5%29.

Maidment, D.R., 2005. Hydrologic information system status report. http://his.cuahsi. org/documents/HISStatusSept15.pdf. Michaelis, C., Ames, D.P., 2008. Serviço de cartografia Web (WMS), serviço de características Web (WFS), serviço de processamento Web (WPS). In: Encyclopedia of GIS. Springer, Nova Iorque, Nova Iorque, EUA, pp. 1259-1261.

Michaelis, C.D., Ames, D.P., 2012. Considerações sobre a implementação das especificações OGC WMS e WFS num SIG de secretária 2012.

https://doi.org/10.4236/jgis.2012.42021.

http://www.scirp.org/journal/PaperInformation.aspx?PaperID=18782.

Michener, W.K., Allard, S., Budden, A., Cook, R.B., Douglass, K., Frame, M., Kelling, S., Koskela, R., Tenopir, C., Vieglais, D.A., 2012. Design participativo da ciberinfraestrutura DataONE para as ciências biológicas e ambientais. Ecol. Inf. 11, 5-15. https://doi.org/10.1016/j.ecoinf.2011.08.007. Plataformas de dados na investigação integrativa da biodiversidade. https://www.sciencedirect.com/science/article/pii/S1574954111000768.

Miller, G.R., 2022. Jupyter Notebook para Análise de Teste de Bomba em Aquíferos Confinados. HydroShare.https://doi.org/10.4211/hs.de85625a8db04474bb066809ae93521e. http://www.hydroshare.org/resource/de85625a8db04474bb066809ae93521e.

Morsy, M.M., Goodall, J.L., Castronova, A.M., Dash, P., Merwade, V., Sadler, J.M., Rajib, M.A., Horsburgh, J.S., Tarboton, D.G., 2017. Projeto de uma estrutura de metadados para modelos ambientais com um exemplo de aplicação hidrológica no HydroShare. Environ. Model. Software 93, 13-28.https://doi.org/10.1016/j.envsoft.2017.02.028. https://www.sciencedirect.com/science/article/pii/S1364815 216305436.

Neupauer, R., Turnadge, C., Okkonen, J., 2023. Forward and Adjoint Sensitivity Analysis. HydroShare.https://doi.org/10.4211/hs.030bdfa103b543c28f3ebdf9abb2da6e. http://www.hydroshare.org/resource /030bdfa103b543c28f3ebdf9abb2da6e.

Rajasekar, A., Moore, R., Hou, C.-Y., Lee, C.A., Marciano, R., de Torcy, A., Wan, M., Schroeder, W., Chen, S.-Y., Gilbert, L., Tooby, P., Zhu, B., 2010.

iRODS Primer: Integrated Rule-Oriented Data System, pp.1-143.https://doi.org/10.2200/ S00233ED1V01Y200912ICR012. SynthesisLecturesonInformationConcepts,Retrieval,and Services2.https://www.morganclaypool.com/doi/abs/10.2200 /S00233ED1V01Y200912ICR012.

Rajib, A., Kim, I.L., Ercan, M.B., Merwade, V., Zhao, L., Song, C., Lin, K.-H., 2022. Autocalibração habilitada para Cyberenabled de modelos hidrológicos para apoiar a Ciência Aberta. Environ. Model. Software158,105561.https://doi.org/10.1016/j.envsoft.2022.105561. https://www.sciencedirect.com/science/article/pii/S1364815222002614.

Rajib, M.A., Merwade, V., Kim, I.L., Zhao, L., Song, C., Zhe, S., 2016. SWATShare - uma plataforma web para investigação e educação colaborativas através da partilha, simulação e visualização online de modelos SWAT. Environ. Model. Software 75, 498-512. https:// doi.org/10.1016/j.envsoft.2015.10.032.https://www.sciencedirect.com/science/ article/pii/S1364815215300906.

Rosenberg, D.E., Filion, Y., Teasley, R., Sandoval-Solis, S., Hecht, J.S., van Zyl, J.E., McMahon, G.F., Horsburgh, J.S., Kasprzyk, J.R., Tarboton, D.G., 2020. A próxima fronteira: tornar a investigação mais reprodutível. J. Water Resour. Plann. Manag. 146, 01820002 https://doi.org/10.1061/(ASCE)WR.1943-5452.0001215.https://asc elibrary.org/doi/10.1061/%28ASCE%29WR.1943-5452.0001215.

Rosenberg, D.E., Jones, A.S., Filion, Y., Teasley, R., Sandoval-Solis, S., Stagge, J.H., Abdallah, A., Castronova, A., Ostfeld, A., Watkins, D., 2021. Política de resultados reprodutíveis. J. Water Resour. Plann. Manag. 147, 01620001 https://doi.org/10.1061/ (ASCE)WR.1943-5452.0001368. https://ascelibrary.org/doi/10.1061/%28ASCE% 29WR.1943-5452.0001368.

Sadler, J.M., Ames, D.P., Livingston, S.J., 2016. Extensão do HydroShare para permitir dados de séries temporais hidrológicas como mídia social. J.Hydroinf.18,198-209.https://doi. org/10.2166/hydro.2015.331. https://iwaponline.com/jh/article/18/2/198/22/Extending-HydroShare-to-enable-hydrologic-time.

Stagge, J.H., Rosenberg, D.E., Abdallah, A.M., Akbar, H., Attallah, N.A., James, R., 2019. Avaliando a disponibilidade de dados e a reprodutibilidade da pesquisa em hidrologia e recursos hídricos. Sci. Data6,190030.https://doi.org/10.1038/sdata.2019.30.http s://www.nature.com/articles/sdata201930.

Swain, N.R., Christensen, S.D., Snow, A.D., Dolder, H., Espinoza-D' avalos, G., Goharian, E., Jones, N.L., Nelson, E.J., Ames, D.P., Burian, S.J., 2016. Uma nova plataforma de código aberto para reduzir a barreira para o desenvolvimento de aplicativos ambientais na web. Environ. Model. Software 85, 11-26.https://doi.org/10.1016/j.envsoft.2016.08.003. http://www.sciencedirect.com/science/article/pii/S1364815 216304625.

Tarboton, D., Idaszak, R., Ames, D., Goodall, J., Horsburgh, J., Band, L., Merwade, V., Song, C., Couch, A., Valentine, D., Hooper, R., Arrigo, J., Maidment, D., Whiteaker, T., 2012. HydroShare: um ambiente online e colaborativo para a partilha de dados e modelos hidrológicos. CUAHSI 3rd biennial Colloquium on hydrologic science and engineering. Disponível em: https://digitalcommons.usu.edu/ cee_facpub/2688.

Ciência e tecnologia da água

Shahide Dehghan[1] , Maryam Marani-Barzani[2], Hossein Gholami[3]

[1]Departamento de Geografia, secção de Najafabad, Universidade Islâmica Azad, Najafabad, Irão

[2]Departamento de Geografia, Universidade da Malásia (UM), Kuala Lumpur, Malásia

[3]Departamento de Engenharia Civil, Isfahan (Khorasgan) Branch, Islamic Azad University, Isfahan, Irão

2024

yes **I want** morebooks!

Buy your books fast and straightforward online - at one of world's fastest growing online book stores! Environmentally sound due to Print-on-Demand technologies.

Buy your books online at
www.morebooks.shop

Compre os seus livros mais rápido e diretamente na internet, em uma das livrarias on-line com o maior crescimento no mundo! Produção que protege o meio ambiente através das tecnologias de impressão sob demanda.

Compre os seus livros on-line em
www.morebooks.shop

Printed by Books on Demand GmbH, Norderstedt / Germany